計算力が強くなる インド式すごい算数ドリル

編者 赤尾芳男

はじめに

　IT産業の発展で、近年めざましい経済成長を遂げているインドは、理数教育において世界屈指のレベルを誇っています。そして、その優れた教育は、インド独特の算数計算法によって、小学生のころから身につけた高い計算力が基礎になっているといわれています。

　インド独特の計算法は、日本の算数教育で学ぶ計算法より簡単で速く解けるのが大きな特長となっています。しかも、小学生低学年で学ぶ九九と四則演算を使って、誰にでもできる計算法です。

　インドの子どもたちは、2ケタの計算はもちろん、暗算ではむずかしいと思える3ケタや4ケタの掛け算、割り算の計算も、あっという間に暗算で解いてしまうといいます。暗算はインドの国技と評されていますが、たしかにうなずける話です。

　本書では、このインド伝統の算数計算法を数多く紹介しています。

　足し算、引き算、掛け算、割り算の計算および総合練習問題の5つの章に分けて構成し、Part 1 からPart 4 では、例題から、その問題を解く「すごい計算法」を図解入りでわかりやすく解説しました。そして、各Partの最後に、そこで学んだ計算法で解く「まとめ＆応用問題」をおさらいとして入れています。

　また、Part 5 では、それまでの計算問題を混合した、やや計算難易度の高い問題を出題、その問題の解答を示した総

合練習問題集としました。

　各問題は、本書で紹介している「すごい計算法」で解くようにつくられています。ですから、学校で学んだ従来の方法は使わずに解いてください。

　大事なことは、どの計算法にあてはめて計算するか、その解き方をいかに速く見つけるかということです。

　問題を見て、すぐに計算の方法を見つけることができるようになれば、あとはむずかしくはありません。トレーニングで2ケタ、3ケタの暗算も簡単にできるようになり、みるみる計算もスピードアップすることでしょう。さらに、買い物や電卓がないときなど、日常生活のいろいろな場面でこの計算法を活用、応用できるようになるでしょう。

　今日から、このインド式計算法をマスターして計算力を鍛え、算数の達人になってください。

赤尾芳男

目次

Part1　足し算と引き算

すごい計算❶　2ケタの数の足し算..................8
すごい計算❷　3ケタの数の足し算..................10
すごい計算❸　4ケタ以上の足し算..................14
[まとめ＆応用問題／足し算]..................18
すごい計算❹　2ケタの数の引き算..................26
すごい計算❺　3ケタ以上の数の引き算..................28
すごい計算❻　1000から引くときの計算..................34
[まとめ＆応用問題／引き算]..................38

Part2　2ケタの数の掛け算

すごい計算❼　1の位の数が小さいとき..................48
すごい計算❽　1の位の数が大きいとき..................50
すごい計算❾　偶数と1の位が5のとき..................52
[まとめ＆応用問題／掛け算1]..................54
すごい計算❿　2つの数の1の位が5のとき..................58
すごい計算⓫　10の位の数が同じとき..................62
すごい計算⓬　1の位が同じで10の位が足して10になるとき..64
すごい計算⓭　10の位が同じで1の位が足して10になるとき..68
すごい計算⓮　2つの数が100に近いとき..................74
[まとめ＆応用問題／掛け算2]..................78

Part3　たすき掛けの掛け算

すごい計算⑮ 2ケタの数のたすき掛け計算..............**86**
すごい計算⑯ 3ケタと2ケタのたすき掛け計算..........**90**
すごい計算⑰ 3ケタどうしのたすき掛け計算.............**94**
すごい計算⑱ 4ケタと3ケタのたすき掛け計算..........**98**
すごい計算⑲ 4ケタどうしのたすき掛け計算.............**102**
[まとめ＆応用問題／掛け算3].........................**106**

Part4　割り算

すごい計算⑳ 同じ数で割りきれるときの割り算..........**118**
すごい計算㉑ 25で割るときの割り算.....................**120**
すごい計算㉒ 補数を使う割り算①..........................**122**
すごい計算㉓ 補数を使う割り算②..........................**126**
[まとめ＆応用問題／割り算].............................**130**

Part5　総合練習問題

問題..**140**

Column

インド式算数は、ここで使うと便利①..................**46**
こんな解き方もある①...**82**
こんな解き方もある②...**114**
インド式算数は、ここで使うと便利②..................**138**

Part1
足し算と引き算

すごい計算
- 2ケタの数の足し算は
  キリのよい数を使って暗算
- 3ケタや4ケタの数の足し算は
  2ケタに分けて筆算
- 2ケタや3ケタの数の引き算は
  キリのよい数を使って暗算
- 1000から引くときは
  簡単な計算法がある

キリのよい数にすればカンタン！
2ケタの数の足し算

ここで使う この解き方は、1の位に繰り上がりのある数の計算の場合に使うと、速く解けて便利です。キリのよい数を素早く見つけて、暗算で解けるように練習しましょう。

[例題]

$$38+56=?$$

解き方

❶どちらかの数をキリのよい数にする

どちらかの数を1の位が0になるキリのよい数にして計算します。38に2を足して、キリのよい40にします。

$$38+2=40$$

❷もう一方の数から同じ数を引く

38に2を足したので、56から同じ2を引きます。

$$56-2=54$$

❸2つの数を足す

40と54を足して、答えは94。

$$40+54=94$$

1 足し算・引き算

図解でおさらい！

38＋56＝？

38＋2＝40　……①
（補数）

56－2＝54　……②
（補数）

40＋54＝94　……③
（答え）

こういう仕組み！

　38と56を足した場合の合計の数と変わらないように、キリのよい数を見つけるところがポイントです。

　38に2を足すと、56は2減ることになります。どちらかの数が増えると、その数の分だけもう一方の数が減ることから考えた計算方法です。

　この例題の場合の2のように、ある数を計算しやすいキリのよい数にするために足したり引いたりする数を**「補数」**といいます。これからも出てくるので覚えておきましょう。

練習問題1

①29＋74＝？　　②67＋95＝？

◎解答は11ページ

数を分けて解く！
3ケタの数の足し算

ここで使う 3ケタの数どうしの足し算は、計算しやすいように問題の3ケタの数を2ケタと1ケタに分割して、筆算で計算します。

[例題1]

978＋689＝？

解き方

❶ 筆算式を書く

```
   978
＋  689
```

❷ 下2ケタを暗算する

```
   9 78
＋  6 89
   ────
    167
```

1の位と10の位をまとめて暗算
（78+89=167）
すごい計算①の解き方を使う
89+1=90　　78-1=77
90+77=167
答えを1の位から書く

❸ 上1ケタを暗算する

```
  978
+ 689
  167
```

15   100の位を暗算（9+6=15）
     答えを100の位から書く

❹ 2つの数を合計する

2つの数を足して、答えは1667（1500+167＝1667）。

```
   978
+  689
   167
  1500
  1667
```

ここがポイント！

例題1では、最初に下2ケタ、次に上1ケタに分けて計算しましたが、最初に下1ケタ、次に上2ケタに分けてもよいでしょう。上2ケタが小さい数の場合には、そのほうが計算が簡単にできます。

9ページの解答　①103　②162

[例題2]
上2ケタが小さい数

$237 + 149 = ?$

解き方

❶ 筆算式を書き、下1ケタを暗算する

```
  2 3 7
+ 1 4 9
───────
    1 6
```

1の位を暗算（7+9=16）

❷ 上2ケタを暗算する

```
  2 3 7
+ 1 4 9
───────
    1 6
3 7
```

10の位と100の位をまとめて暗算（23+14=37）

❸2つの数を合計する

2つの数を足して、答えは386（370＋16＝386）。

```
  2 3 7
+ 1 4 9
─────────
    1 6
  3 7 0
─────────
  3 8 6
```

練習問題2

①228＋695＝？　　②145＋876＝？

③386＋499＝？　　④493＋891＝？

◎解答は15ページ

すごい計算 3

3ケタと基本は一緒！
4ケタ以上の足し算

ここで使う　筆算式を使って、分けた数（ケタ）ごとに暗算し、その数を合計して答えを求めます。5ケタ以上などケタ数が多くなると、位取りを間違えやすいので注意しましょう。

[例題1]

5977＋3866＝？

解き方

❶ 筆算式を書く

```
   5 9 7 7
 + 3 8 6 6
```

❷ 下2ケタを暗算する

```
   5 9 7 7
 + 3 8 6 6
  ─────────
     1 4 3
```

すごい計算①の解き方を使って、1の位と10の位をまとめて暗算
（77+66=143）
答えを1の位から書く

❸ 上2ケタを暗算する

```
  5 9 7 7
+ 3 8 6 6
─────────
    1 4 3
  9 7
```

> すごい計算①の解き方を使って、100の位と1000の位をまとめて暗算
> （59+38=97）
> 答えを100の位から書く

❹ 2つの数を合計する

2つの数を足して、答えは9843（9700+143＝9843）。

```
   5 9 7 7
 + 3 8 6 6
 ─────────
     1 4 3
   9 7 0 0
 ─────────
   9 8 4 3
```

13ページの解答　①923　②1021　③885　④1384

[例題2]
5ケタの数の足し算

64378＋29415＝？

解き方

❶ 筆算式を書き、下2ケタを暗算する

```
   6 4 3 7 8
 + 2 9 4 1 5
 ─────────────
         9 3
```

すごい計算①の解き方を使って、1の位と10の位をまとめて暗算（78＋15＝93）

❷ 100の位と1000の位の2ケタを暗算する

```
   6 4 3 7 8
 + 2 9 4 1 5
 ─────────────
         9 3
   1 3 7
```

100の位と1000の位をまとめて暗算（43＋94＝137）
100の位に繰り上がりがあるときは、すごい計算①を使う

❸ 上1ケタを暗算して、3つの数を合計する

```
  64378
+ 29415
     93
   137
   8      ── 万の位を暗算（6+2=8）
```

3つの数を足して、答えは93793。

```
  64378
+ 29415
     93
   13700
   80000
   93793
```

練習問題3

①5368+5778＝？

②19653+73456＝？

◎解答は19ページ

まとめ&応用問題　足し算

[問題]

足し算の解き方を使って、次の問題を計算しましょう

❶ 59＋43＋8＝？

❷ 49＋17＋48＝？

❸ 69＋53＋18＋72＝？

1 足し算・引き算

❹ 156＋798＋48＝？

❺ 69＋456＋34＋727＝？

17ページの解答　①11146　②93109

まとめ＆応用問題　足し算

[解答]

ポイント
・2ケタの数の計算は、1の位の大きい数をキリのよい数にして暗算。
・3つ以上の数の組み合わせのときはグループに分けて計算。2ケタと3ケタ、3ケタと4ケタのようにケタの違う組み合わせの計算は、同じケタどうしに分けて計算し合計する。

❶ 59＋43＋8＝110

すごい計算①　59をキリのよい数字60にする
59＋1＝60　43－1＝42
60＋42＝102　102＋8＝110

❷ 49＋17＋48＝114

すごい計算①　49をキリのよい数字50にする
49＋1＝50　17－1＝16
50＋16＝66
すごい計算①　48をキリのよい数字50にする
48＋2＝50　66－2＝64
50＋64＝114

> ※49＋48を100にすることで、より速く計算できる！
> 49＋48＋3＝100
> 17－3＝14　100＋14＝114

❸ 69＋53＋18＋72＝212

69＋53　18＋72に分けて計算
すごい計算①　69をキリのよい数字70にする
69＋1＝70　53－1＝52
70＋52＝122
すごい計算①　18をキリのよい数字20にする
18＋2＝20　72－2＝70
20＋70＝90
122＋90＝212

❹ 156＋798＋48＝1002
　すごい計算②　上1ケタと下2ケタに分けて暗算する

```
   156              954
 ＋798            ＋ 48
   154 …56+98 ※1   102 …54+48 ※2
   8   …1+7         9
   954              1002
```

※1 すごい計算①　98をキリのよい数字100にする
※2 すごい計算①　48をキリのよい数字50にする

※798＋48を800＋48－2にすることで
　より速く計算できる！
　800＋48－2＝846
　156＋846はすごい計算②で計算

❺ 69＋456＋34＋727＝1286
　69＋34　456＋727に分けて計算
　すごい計算①　69をキリのよい数字70にする
　69＋1＝70　34－1＝33
　70＋33＝103
　すごい計算②　上1ケタと下2ケタに分けて暗算する

```
   456             1183
 ＋727           ＋ 103
    83 …56+27 ※   1286
   11   …4+7
   1183
```

※すごい計算①　27をキリのよい数字30にする

まとめ&応用問題 足し算

[問題]
足し算の解き方を使って、次の問題を計算しましょう

❻ 965+298+3567=?

❼ 987+554+1996=?

❽ 8829＋4512＋1445＝？

❾ 9511＋1159＋3909＋6433＝？

1 足し算・引き算

まとめ＆応用問題　足し算

[解答]

❻ 965＋298＋3567＝4830

すごい計算②
上1ケタと下2ケタに分けて暗記する

```
   965
 + 298
   163   …65+98 ※1
   11    …9+2
  1263
```

すごい計算③
上2ケタと下2ケタに分けて暗記する

```
  1263
 +3567
   130   …63+67 ※2
   47    …12+35
  4830
```

※1 すごい計算①　98をキリのよい数字100にする
※2 すごい計算①　67をキリのよい数字70にする

> ※965＋298を965＋300－2にすることで
> より速く計算できる！
> 965＋300－2＝1263

❼ 987＋554＋1996＝3537

すごい計算②
上1ケタと下2ケタに分けて暗記する

```
   987
 + 554
   141   …87+54 ※1
   14    …9+5
  1541
```

すごい計算③
上2ケタと下2ケタに分けて暗記する

```
  1541
 +1996
   137   …41+96 ※2
   34    …15+19 ※3
  3537
```

※1 すごい計算①　87をキリのよい数字90にする
※2 すごい計算①　96をキリのよい数字100にする
※3 すごい計算①　19をキリのよい数字20にする

1 足し算・引き算

❽ 8829＋4512＋1445＝14786

すごい計算③
上2ケタと下2ケタに
分けて暗算する

```
   8829
 ＋4512
     41  …29+12 ※1
  133    …88+45 ※2
  13341
```

すごい計算③
上3ケタと下2ケタに
分けて暗算する

```
  13341
 ＋ 1445
     86  …41+45
   147   …133+14
  14786
```

※1 すごい計算①　29をキリのよい数字30にする
※2 すごい計算①　88をキリのよい数字90にする

❾ 9511＋1159＋3909＋6433＝21012

すごい計算③
上2ケタと下2ケタに
分けて暗算する

```
   9511
 ＋1159
     70  …11+59
  106    …95+11
  10670
```

すごい計算③
上2ケタと下2ケタに
分けて暗算する

```
   3909
 ＋6433
     42  …09+33
  103    …39+64
  10342
```

すごい計算③　上3ケタと下2ケタに分けて暗算する

```
  10670
 ＋10342
    112  …70+42
  209    …106+103
  21012
```

引く数をキリのよい数にする！
2ケタの数の引き算

ここで使う　この解き方は1の位に繰り下がりのある数の計算の場合に使うと、速く解けて便利です。補数でキリのよい数を作って、暗算で解きましょう。

[例題]

87−29＝？

解き方

❶ **引く数をキリのよい数にする**

引く数の29に1（補数）を足して、キリのよい30にします。

$$29+1=30$$

❷ **キリのよい数を引く**

引かれる数の87から30を引きます。

$$87-30=57$$

❸ **補数を足す**

57に補数の1を足して、答えは58。

$$57+1=58$$

1 足し算・引き算

図解でおさらい！

$87 - 29 = ?$

$\underset{\text{補数}}{29 + 1} = 30$ ……❶

$87 - 30 = 57$ ……❷

$57 + \underset{\text{補数}}{1} = \underset{\text{答え}}{58}$ ……❸

こういう仕組み！

29に1を足すと30になります。実際に引く数は29ですから、1だけ多く引いたことになります。そこで、その1をあとで足せば、87−29と同じ計算式になるというわけです。

練習問題4

① $68 - 19 = ?$ ② $57 - 29 = ?$

③ $46 - 28 = ?$ ④ $93 - 56 = ?$

◎解答は29ページ

2ケタと同じように計算！
3ケタ以上の数の引き算

ここで使う　3ケタの数の引き算も、2ケタと同じように、引く数をキリのよい数にして補数を求めます。4ケタの数の引き算も、同様に計算します。

[例題1]

$916 - 847 = ?$

解き方

❶引く数をキリのよい数にする

引く数の847をキリのよい900にします。キリのよい数は、引く数より大きい100単位の数にしてください。

$847 → 900$

❷補数を求める

900（キリのよい数）から847（実際に引く数）を引いて、補数を求めます。

$900 - 847 = \boxed{53}$ 補数 ── 900に対する847の補数は53

❸キリのよい数を引く

引かれる数の916からキリのよい数を引きます。

$$916 - 900 = 16$$

❹補数を足す

16に補数の53を足して、答えは69。

$$16 + 53 = 69$$

図解でおさらい！

$$916 - 847 = ?$$

$847 \rightarrow 900$ ……❶

$900 - 847 = 53$（補数） ……❷

$916 - 900 = 16$ ……❸

$16 + 53 = 69$（補数／答え） ……❹

27ページの解答　①49　②28　③18　④37

[例題2]
4ケタの数の引き算

6523 − 4978 = ?

解き方

❶ 引く数をキリのよい数にする

4978 → 5000

> 引く数4978をキリのよい5000にする
> 4ケタの場合のキリのよい数は、引く数より大きい1000単位の数にする

❷ 補数を求める

5000 − 4978 = 22 ── 補数は22

❸ キリのよい数を引く

6523 − 5000 = 1523 ── 引かれる数−キリのよい数

❹ 補数を足す

1523 + 22 = 1545 ── 補数の22を足す

図解でおさらい！

$6523 - 4978 = ?$

$4978 → 5000$ ……❶

$5000 - 4978 = 22$ ……❷
_{補数}

$6523 - 5000 = 1523$ ……❸

$1523 + 22 = 1545$ ……❹
_{補数} _{答え}

★例題1と例題2の解き方は、下2ケタに繰り下がりのある場合に便利な速算法です。

ここがポイント！

本書で紹介している計算方法は、暗算で速く計算することをめざしています。ただし、補数が3ケタ以上の大きな数のときは、最後の足し算が暗算ではちょっと面倒なので、キリのよい数を引く数より小さい1000の位の数にして計算するとよいでしょう。

たとえば、引く数が4034とすると、

$$6523 - 4034 = ?$$

解き方

❶引く数をキリのよい数にする

4034 → 4000　キリのよい4000にする

❷補数を求める

4034 − 4000 = 34　補数

❸キリのよい数を引く

6523 − 4000 = 2523　引かれる数−キリのよい数

❹補数を引く

2523 − 34 = ?　補数の34を引く

❺ 暗算、または筆算式にして計算する

2523－34＝？

```
   2 5 2 3
－     3 4
─────────
   2 4 8 9
```

★キリのよい数を引く数より大きい数にするか小さい数にするかは、補数の大小を見て使い分けるようにしましょう。

練習問題5

①726－437＝？

②911－299＝？

③6408－1919＝？

④3826－1937＝？

◎解答は35ページ

おつりの計算にピッタリ！
1000から引くときの計算

ここで使う
引かれる数が1000のときは、簡単な計算方法があります。引く数の100の位と10の位がそれぞれ足して9になる補数、1の位が足して10になる補数を求めます。

[例題]

$1000 - 247 = ?$

解き方

❶ 100の位と10の位の補数を求める

引く数（247）の100の位（2）と10の位（4）が、それぞれ足して9になる補数を求めます。

100の位の2の補数は7

$2 + 7 = 9$

10の位の4の補数は5

$4 + 5 = 9$

$1000 - 247 = \boxed{75\Box}$

> 100の位は7、10の位は5（7と5が補数）が答えとなる

❷1の位の補数を求める

1の位（7）が、足して10になる補数を求めます。

1の位の7の補数は3

$7 + 3 = 10$

$1000 - 247 = 753$

よって、答えは753。

図解でおさらい！

$1000 - 247 = ?$

2 4 7

$2 + ○ = 9$　　$○ = 7$　　…100の位の答え

$4 + △ = 9$　　$△ = 5$　　…10の位の答え

$7 + □ = 10$　　$□ = 3$　　…1の位の答え

33ページの解答　①289　②612　③4489　④1889

こういう仕組み！

引かれる数1000の1の位は0なので、引く数と答えの合計の1の位は0になるはずです。したがって、引く数の1の位7に3を足せば1の位は0（1の位の合計は7+3=10）になるので、答えの1の位は3です。

また、1の位が10になり、10の位に1繰り上がるので、10の位の数の合計は9にすればよいのです。したがって、答えの10の位は5（10の位の合計は4+5=9）。10の位も10になって繰り上がるので、100の位の数の合計も9にすればよく、答えの100の位は7（100の位の合計は2+7=9）になるというわけです。

筆算式にするとわかりやすいでしょう。

```
      9 9 1
    1̶0̶0̶0̶
 −   2 4 7
 ─────────
     7 5 3
```

この解き方は、引かれる数が2000や3000の場合にも応用できます。

2000の場合は、1000のときと同じように計算し、最後に1000を足します。

$$2000 - 247 = ?$$

$$\rightarrow 753 + 1000 = 1753$$

3000の場合は、最後に2000を足します。

3000−247＝？
→753＋2000＝2753

引かれる数が1000のときは、引く数と答えの100の位と10の位は足して9、1の位は足して10になるということを覚えておきましょう。筆算しなくとも暗算で簡単に答えを求めることができます。

また、引く数の1の位が0のとき、たとえば1000−240の場合は、100−24の答えに、0をつけてください。これは暗算でできることでしょう（100−24＝76。したがって、1000−240の答えは760）。

練習問題6

①1000−149＝？　②1000−756＝？

③1000−337＝？　④2000−402＝？

◎解答は39ページ

まとめ＆応用問題　引き算

[問題]
引き算の解き方を使って、次の問題を計算しましょう

❶ 62－39－18＝？

❷ 100－43－18＝？

❸ 1000－956－17＝？

❹ 954−868−69＝？

❺ 536−78−440＝？

❻ 881−787−27−39＝？

37ページの解答　①851　②244　③663　④1598

まとめ&応用問題　引き算

[解答]

ポイント
- 2ケタの数の計算は、引く数を補数でキリのよい数にして暗算。計算の法則にしたがって、左から順番に計算する。
- 3ケタ以上の計算は、同じように補数を使って引き算と足し算で筆算する。ケタの違う組み合わせのときは、同じケタどうしから計算する。

❶ 62−39−18＝5
すごい計算④　39をキリのよい数字40にする
39+1=40　62−40=22　22+1=23
すごい計算④　18をキリのよい数字20にする
18+2=20　23−20=3　3+2=5

> ※左から順に計算するのが原則ですが、39+18を先に足しても計算できます。
> 39+18=57（すごい計算①）
> 62−57=5

❷ 100−43−18＝39
すごい計算⑥
100−43=57…10−3（足して10になる補数）
　　　　　　　9−4（足して9になる補数）

すごい計算④　18をキリのよい数字20にする
18+2=20　57−20=37　37+2=39

> ※43+18を先に足しても計算できます。
> 43+18=61（すごい計算①）
> 100−61=39（すごい計算⑥）

❸ 1000−956−17＝27
すごい計算⑥
1000−956=44…10−6（足して10になる補数）
　　　　　　　　9−5（足して9になる補数）

すごい計算④　17をキリのよい数字20にする
17+3=20　44−20=24　24+3=27

❹954−868−69＝17
すごい計算⑤　868をキリのよい数字900にする
868→900　　900−868=32
954−900=54　　32+54=86
すごい計算④　69をキリのよい数字70にする
69→70　　70−69=1
86−70=16　　16+1=17

❺536−78−440＝18
536−440を先に計算
すごい計算⑤　440をキリのよい数字500にする
440→500　　500−440=60
536−500=36　　36+60=96
すごい計算④　78をキリのよい数字80にする
78→80　　80−78=2
96−80=16　　16+2=18

❻881−787−27−39＝28
すごい計算⑤　787をキリのよい数字800にする
787→800　　800−787=13
881−800=81　　81+13=94
すごい計算④　27をキリのよい数字30にする
27→30　　30−27=3
94−30=64　　64+3=67
すごい計算④　39をキリのよい数字40にする
39→40　　40−39=1
67−40=27　　27+1=28

まとめ&応用問題 引き算

❼ 1000 − 186 − 357 = ?

❽ 1000 − 129 − 798 = ?

❾ 955 − 338 − 588 = ?

❿ 6764−5771−597＝?

⓫ 3325−189−2938＝?

⓬ 5863−1146−3998＝?

まとめ&応用問題　引き算

[解答]

❼ 1000－186－357＝457

すごい計算⑥
1000－186＝814…10－6（足して10になる補数）
　　　　　　　　　　9－8（足して9になる補数）
　　　　　　　　　　9－1（足して9になる補数）

すごい計算⑤　357をキリのよい数字400にする
357→400　　400－357＝43
814－400＝414　414＋43＝457

> ※左から順に計算するのが原則ですが、186＋357を先に
> 足しても計算できます。
> 　186＋357＝543（すごい計算②）
> 　1000－543＝457（すごい計算⑥）

❽ 1000－129－798＝73

すごい計算⑥
1000－129＝871…10－9（足して10になる補数）
　　　　　　　　　　9－2（足して9になる補数）
　　　　　　　　　　9－1（足して9になる補数）

すごい計算⑤　798をキリのよい数字800にする
798→800　　800－798＝2
871－800＝71　　71＋2＝73

❾ 955－338－588＝29

すごい計算⑤　338をキリのよい数字400にする
338→400　　400－338＝62
955－400＝555　　555＋62＝617（すごい計算①）

すごい計算⑤　588をキリのよい数字600にする
588→600　　600－588＝12
617－600＝17　　17＋12＝29

❿ 6764−5771−597=396

すごい計算⑤　5771をキリのよい数字6000にする
5771→6000　　6000−5771=229
6764−6000=764

すごい計算②　上1ケタと下2ケタに分けて暗算する

```
   764
 + 229
 ─────
   993
```
……64+29（すごい計算①を使って
　　　　29+1=30　64−1=63
　　　　63+30=93）
……7+2

すごい計算⑤　597をキリのよい数字600にする
597→600　600−597=3
993−600=393　393+3=396

⓫ 3325−189−2938=198

3325−2938から先に計算
すごい計算⑤　2938をキリのよい数字3000にする
2938→3000　　3000−2938=62
3325−3000=325　　325+62=387
すごい計算⑤　189をキリのよい数字200にする
189→200　　200−189=11
387−200=187　　187+11=198

⓬ 5863−1146−3998=719

すごい計算⑤　1146をキリのよい数字2000にする
1146→2000　2000−1146=854
5863−2000=3863

すごい計算③
```
   3863
 +  854
 ──────
    117
   46
 ──────
   4717
```

すごい計算⑤
3998をキリのよい数字4000にする
3998→4000
4000−3998=2
4717−4000=717
717+2=719

Column

インド式算数は、ここで使うと便利①

スーパーの買い物で

　スーパーに買い物に行くと、値段に端数のついた商品がずらりと並んでいます。

　では、189円のお菓子と98円のジュースを買ったときの合計金額は？

　すごい計算①で89と98を暗算で計算して、100を足せば答えは簡単！　287円です。インド式の計算をマスターすれば、日常生活のいろいろな場面でも応用が利くことでしょう。

便利なおつり計算法

　「毎度ありがとうございます。4675円になります。はい。1万円、お預かりいたします」

　スーパーやコンビニなどで買い物をし、高額紙幣を出しておつりをもらうときがよくあります。そんなときは、すごい計算⑥の計算法でおつりを勘定してみましょう。

　4675円の買い物をして1万円を払ったのですから、おつりは、10000−4675＝？　⑥の計算法で、すぐにおつりが5325円と計算できます。

　レジのない屋台での買い物や、レジがあったとしても店員が金銭表示を見誤ったりして、おつりを間違える場合があるかもしれません。とっさのときに便利な計算法です。頭の体操にもなりますから、ぜひ活用しましょう。

Part2
2ケタの数の掛け算

すごい計算

- 1の位の数が小さいときと
  1の位の数が大きいときは
  キリのよい数を使って暗算

- 以下の条件にどれか当てはまれば
  簡単な計算法で暗算

- 偶数と1の位が5のとき
- 2つの数の1の位が5のとき
- 10の位の数が同じとき
- 1の位が同じで10の位が足して
  10になるとき
- 10の位が同じで1の位が足して
  10になるとき
- 2つの数が100に近いとき

すごい計算 7

掛け算もキリのよい数にして解く！
1の位の数が小さいとき

ここで使う　この解き方は、2つの数の中に1の位が小さい数があるときに使いましょう。1の位が小さい数をキリのよい数にし、2つの数の形にするのがポイントです。

[例題]

$16 \times 21 = ?$

解き方

❶ 1の位が小さい数をキリのよい数にする

21を20＋1にして計算します。

$21 = \boxed{20 + 1}$ ── 20がキリのよい数

❷ もう一方の数にキリのよい数を掛ける

16に20を掛けます。

$$16 \times 20 = 320$$

❸ ②と掛けられる数に掛ける数の1の位を掛けて足す

320と掛けられる数16に掛ける数21の1を掛けて足して、答えは336。

$$320 + (16 \times 1) = 320 + 16 = 336$$

図解でおさらい！

$16 \times 21 = ?$

$21 = 20 + 1$ ……①

$16 \times 20 = 320$ ……②

$320 + (16 \times 1) = 336$ ……③
答え

★解き方を式にまとめると、次のようになります。
$16 \times 21 = 16 \times (20+1) = (16 \times 20) + (16 \times 1)$
$= 320 + 16 = 336$

練習問題7

① $35 \times 12 = ?$ ② $27 \times 11 = ?$

③ $45 \times 31 = ?$ ④ $67 \times 23 = ?$

◎解答は51ページ

2 掛け算 ①

すごい計算 8

1の位が大きい数をキリのよい数に！

1の位の数が大きいとき

ここで使う
この解き方は、2つの数の中に1の位に大きい数があるときに便利です。補数を使ってキリのよい数にし、1の位と分けて2つの数の形にするのがポイントです。

[例題]

$33 \times 18 = ?$

解き方

❶ 1の位が大きい数を補数を使ってキリのよい数の形にする

1の位が大きい数の18を20−2にして計算します。

$18 = 20 - \boxed{2}$ ← 補数

❷ もう一方の数にキリのよい数を掛ける

掛けられる数の33に20を掛けます。

$33 \times 20 = 660$

❸ 掛けられる数に補数を掛けて、❷から引く

33に2を掛け、その数を660から引いて、答えは594。

$660 - (33 \times 2) = 660 - 66 = 594$

※660−66は引き算の計算方法（すごい計算④）より
① 66+4=70（引く数をキリのよい数にする）
② 660−70=590（キリのよい数を引く）
③ 590+4=594（補数を足す）

2 掛け算 ①

図解でおさらい！

33×18＝？

18＝20－2　　補数　　……❶

33×20＝660　　……❷

660－（33×2）＝594 ……❸
　　　　　補数　　答え

★解き方を式にまとめると、次のようになります。
33×18＝33×（20－2）＝（33×20）－（33×2）
＝660－66＝594

練習問題8

①23×18＝？　　②24×19＝？

③17×39＝？　　④15×38＝？

◎解答は53ページ
49ページの解答　①420　②297　③1395　④1541

すごい計算 9

偶数を2で割ってから計算！
偶数と1の位が5のとき

ここで使う
一方が偶数、もう一方の数の1の位が5のときは、1の位の数5に2を掛けて、キリのよい数（1の位が0）で計算する方法です。暗算でやってみましょう。

[例題]

$$28 \times 45 = ?$$

解き方

❶ 偶数を2×□の形にする

28を2×□の形にします。ここでは□は14。

$$28 = 2 \times 14$$

❷ 2と1の位が5の数を掛ける

2に45を掛けます。

$$2 \times 45 = 90$$

❸ □と❷を掛ける

14に90を掛けて、答えは1260。

$$14 \times 90 = 1260$$

図解でおさらい！

$28 \times 45 = ?$

$28 = 2 \times 14$ ……①

$2 \times 45 = 90$ ……②

$14 \times 90 = 1260$ ……③
答え

こういう仕組み！

①で、28を2で割り、半分の14にしました。28×45の計算の答えは変わることがないように、もう一方の数45に2を掛けて90にすると、28×45と同じことになります。したがって、14×90で答えが求められるわけです。

5×2が10で、キリのよい数になることを利用した計算方法です。

練習問題9

① $36 \times 15 = ?$　　② $18 \times 45 = ?$

◎解答は55ページ

51ページの解答　①414　②456　③663　④570

まとめ＆応用問題　掛け算1

[問題]

掛け算の解き方を使って、次の問題を計算しましょう

❶ 36×13×10＝？

❷ 6×25×11＝？

❸ 32×19×5＝？

❹ 45×18×3＝？

❺ 10×17×35＝?

❻ 18×25×9＝?

❼ 45×14×3＝?

❽ 24×25×12＝?

53ページの解答　①540　②810

まとめ&応用問題　掛け算1

[解答]

ポイント
- 2つの数のどちらかを補数を使ってキリのよい数にし、式を変えて計算。
- 2ケタと1ケタの数の組み合わせは、最初に2ケタどうしを計算し、その数に1ケタを掛けて計算すると速い。

❶ 36×13×10=4680
36×13から計算する
すごい計算⑦　13をキリのよい数字10にする
13=10+3　　36×10=360
360+(36×3)=468
468×10=4680

❷ 6×25×11=1650
6×25を暗算で先に計算
6×25=150
150×11はすごい計算⑦を応用する
15×11×10
すごい計算⑦　11をキリのよい数字10にする
11=10+1　　15×10=150
150+(15×1)=165
165×10=1650

❸ 32×19×5=3040
32×19から計算する
すごい計算⑧　19をキリのよい数字20にする
19=20-1　　32×20=640
640-(32×1)=608
608×5=3040

❹ 45×18×3＝2430
45×18から計算する
すごい計算⑨
18＝2×9　　2×45＝90
9×90＝810
810×3＝2430

❺ 10×17×35＝5950
17×35から計算する
すごい計算⑧　17をキリのよい数字20にする
17＝20－3　　35×20＝700
700－(35×3)＝595
595×10＝5950

❻ 18×25×9＝4050
18×25から計算する
すごい計算⑨
18＝2×9　　2×25＝50
9×50＝450
450×9＝4050

❼ 45×14×3＝1890
45×14から計算する
すごい計算⑨
14＝2×7　　2×45＝90
7×90＝630
630×3＝1890

❽ 24×25×12＝7200
24×25から計算する
すごい計算⑨
24＝2×12　　2×25＝50
12×50＝600
600×12＝7200

すごい計算 10

10の位だけを使って計算！
2つの数の1の位が5のとき

ここで使う
2つの数の1の位がともに5のときは、10の位だけを使った計算方法を覚えてしまいましょう。

[例題]

$$55 \times 35 = ?$$

解き方

❶ 10の位どうしを掛ける

55と35の10の位の数を掛けます。

$$5 \times 3 = 15$$

❷ 10の位どうしを足して2で割る

55と35の10の位の数を足して2で割ります。

$$(5+3) \div 2 = 4$$

❸ ①と②を足して100を掛け、25を足す

15+4に100を掛け、25を足して、答えは1925。

$$(15+4) \times 100 + 25 = 1925$$

こういう仕組み！

55×35は、なぜ(15+4)×100+25になるのでしょう。
55×35は、図アのように50×30（Ⓐ）、5×30（Ⓑ）、

50×5（C）、5×5（D）の4つの数の集まりです。計算式にすると、55×35＝50×30＋5×30＋50×5＋5×5と表すことができます。

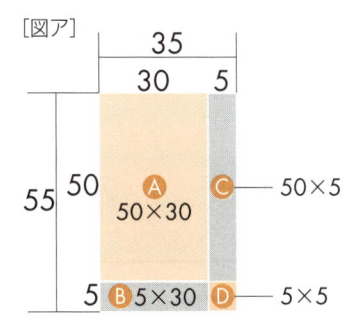

[図ア]

この計算のポイントは、×100の形に式を変えて計算を簡単にすることです。Aの50×30の式の形を変えると、5×10×3×10＝15×100になります（図イ）。

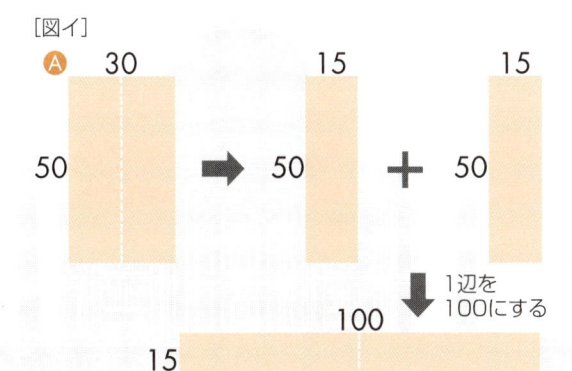

[図イ]

1辺を100にする

また、❸+❹は、5×30+50×5＝150+250＝400＝4×100（図ウ）

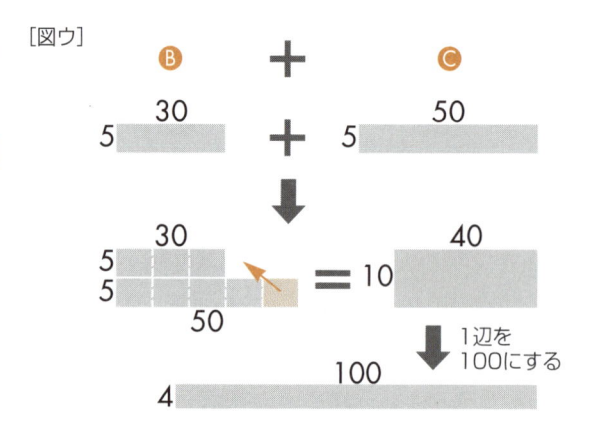

[図ウ]

したがって、❷+❸+❹は
15×100+4×100＝（15+4）×100

これに5×5＝25を足すので、❷+❸+❹+❺は、
(15+4)×100+25 （図エ）

になるというわけです。

[図エ]

★この解き方は、10の位の数が足して偶数になるときに使うと便利です。

　2つの数の10の位が偶数と奇数の場合、2で割ったときに小数になるので計算に注意しましょう。

> 練習問題10

①55×35＝？　　②25×65＝？

③45×85＝？　　④35×45＝？

2 掛け算 ①

◎解答は63ページ

最後に10の位の数に10を掛ける！
10の位の数が同じとき

ここで使う
2つの数の10の位の数が同じときは、すべての2ケタ掛け算に使うことができます。最後に、10の位の数に10を掛けるのが計算のポイントです。

[例題]

$$34 \times 33 = ?$$

解き方

❶ 掛けられる数に掛ける数の1の位の数を足す

34（掛けられる数）に3（掛ける数33の1の位）を足します。

$$34 + 3 = 37$$

❷ 2つの数の1の位どうしを掛ける

34と33の1の位どうしを掛けます。

$$4 \times 3 = 12$$

❸ ①に10の位の数×10を掛け、②を足す

37に3×10を掛けて12を足して、答えは1122。

$$37 \times (3 \times 10) + 12 =$$
$$37 \times 30 + 12 = 1110 + 12 = 1122$$

> **こういう仕組み！**

34×33は、なぜ37×（3×10）+12になるのでしょう。

34×33は、図アのように34×30（Ⓐ）、30×3（Ⓑ）、4×3（Ⓒ）の3つの数の集まりです。

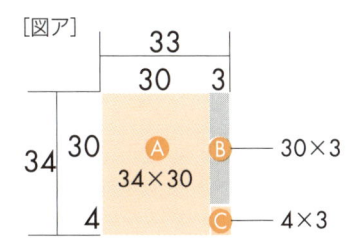

[図ア]

Ⓐ+Ⓑの34×30+30×3を、式の形を変えてまとめると、34×30+3×30＝（34+3）×30＝37×（3×10）になります（図イ）。

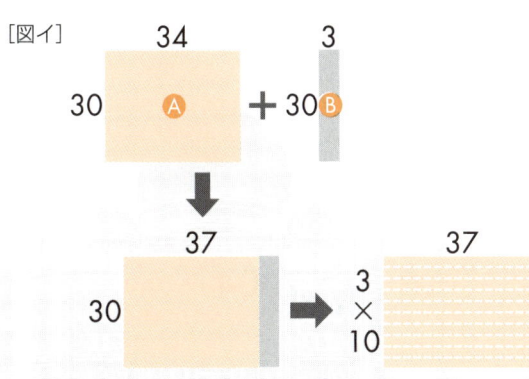

[図イ]

これに4×3＝12を足すので、37×（3×10）+12になるというわけです。

☆練習問題は67ページ

61ページの解答　①1925　②1625　③3825　④1575

すごい計算 12

まず、10の位、1の位どうしを掛ける
1の位が同じで10の位が足して10になるとき

ここで使う
2つの数の1の位の数が同じで、10の位の数が足して10になるときの計算方法です。10の位どうしを掛けて1の位の数を足し、その数に100を掛けて、1の位を掛けた数を足します。

[例題]

$$62 \times 42 = ?$$

解き方

❶ 10の位の数どうしを掛けて1の位の数を足す

62の6と42の4を掛けて、1の位の2を足します。

$$6 \times 4 + 2 = 26$$

❷ 1の位どうしを掛ける

62の2と42の2を掛けます。

$$2 \times 2 = 4$$

❸ ①に100を掛けて②を足す

26に100を掛け、4を足して、答えは2604。

$$26 \times 100 + 4 = 2604$$

図解でおさらい！

$62 \times 42 = ?$

$6 \times 4 + 2 = 26$ ……❶

$2 \times 2 = 4$ ……❷

$26 \times 100 + 4 = 2604$ ……❸
　ポイント　　　　　　答え

こういう仕組み！

62×42は、なぜ26×100+4になるのでしょう。

62×42は、図アのように60×40（Ⓐ）、60×2（Ⓑ）、2×40（Ⓒ）、2×2（Ⓓ）の4つの数の集まりです。計算式にすると、60×40+60×2+2×40+2×2で表すことができます。

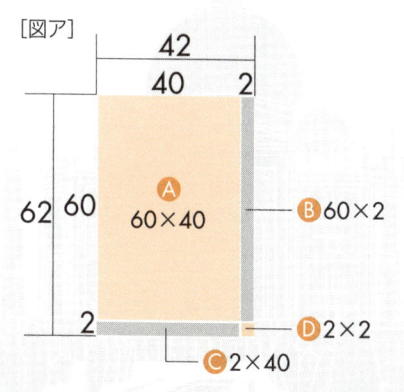

[図ア]

- Ⓐ 60×40
- Ⓑ 60×2
- Ⓒ 2×40
- Ⓓ 2×2

2 掛け算 ①

この計算のポイントはすごい計算⑩と同じように、×100の形に式を変えることです。

　Ⓐの60×40を、式の形を変えてまとめると、6×10×4×10＝6×4×100（図イ）となります。

[図イ]

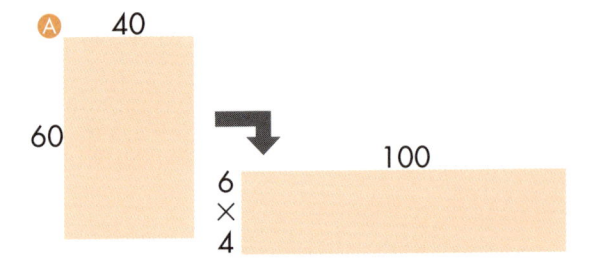

　Ⓑ＋Ⓒの60×2＋2×40を、式の形を変えてまとめると、2×（60＋40）＝2×100（図ウ）となります。

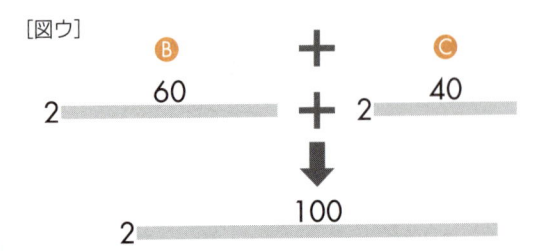

[図ウ]

したがって、Ⓐ+Ⓑ+Ⓒは、
6×4×100+2×100＝（6×4+2）×100＝26×100となります。

これに2×2＝4を足すので、26×100+4になるというわけです（図エ）。

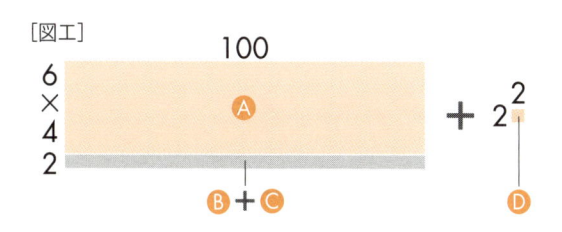

[図エ]

練習問題11
①18×17＝？　　②25×23＝？

練習問題12
③42×62＝？　　④87×27＝？

◎解答は69ページ

すごい計算 13

10の位の数に1を足す！
10の位が同じで1の位が足して10になるとき

ここで使う
すごい計算⑫とは逆に、2つの数の10の位の数が同じで、1の位の数が足して10になるときの計算方法です。覚えてしまえば簡単です。解き方を覚えて暗算でやってみましょう。

[例題1]

71×79＝？

解き方

❶10の位の数に1を足して10の位の数を掛ける

71の7に1を足して、その数に71の7を掛けます。

$$(7+1)×7=56$$

❷1の位どうしを掛ける

71の1と79の9を掛けます。

$$1×9=9$$

❸①に100を掛けて②を足す

56に100を掛け、9を足して、答えは5609。

$$56×100+9=5609$$

2 掛け算 ①

図解でおさらい！

71×79 ＝ ？

(7＋1) ×7＝56 ……❶
  ポイント

1×9＝9 ……❷

56×100＋9＝5609 ……❸
  ポイント   答え

こういう仕組み！

71×79は、なぜ56×100＋9になるのでしょう。

71×79は、図アのように70×79（Ⓐ）、1×70（Ⓑ）、1×9（Ⓒ）の3つの数の集まりです。計算式にすると、70×79＋1×70＋1×9で表すことができます。

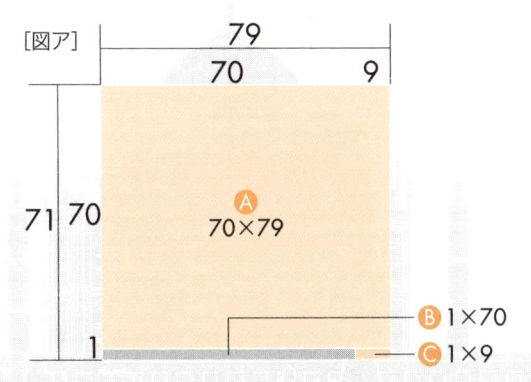

[図ア]

- Ⓐ 70×79
- Ⓑ 1×70
- Ⓒ 1×9

67ページの解答　①306　②575　③2604　④2349

70×79+1×70の式の形を変えると、70×(79+1)=70×80(図イ)

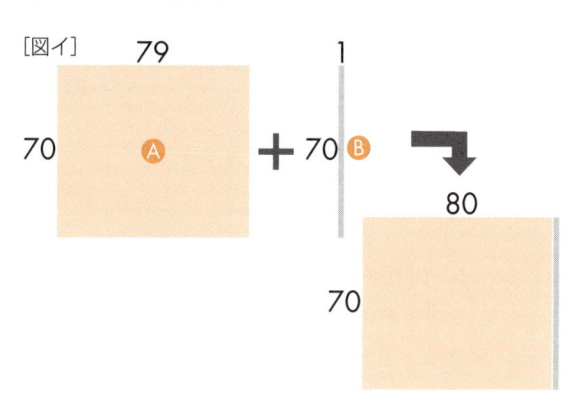

[図イ]

```
        79              1
      ┌─────┐         ┌─┐
   70 │  Ⓐ  │  ＋  70 │Ⓑ│     ⬎
      └─────┘         └─┘
                              80
                            ┌─────┐
                         70 │     │
                            └─────┘
```

　すごい計算⑩と同じように、×100の形に式を変えると、70×80=5600=56×100。
　これに1×9=9を足すので、56×100+9になるというわけです。

★筆算式にしてみても、計算の仕方がよくわかります。

```
      7 1
  ×   7 9
  ─────────
      6 3 9
    4 9 7
  ─────────
    5 6 0 9
```

これが普通の筆算による計算ですが、この計算を細かく見てみましょう

```
    7 1
  × 7 9
  ─────
      9    ……1×9
    6 3    ……70×9…❶
      7    ……70×1…❷
```

❶と❷を足すと、630+70=700=7×1×100

```
    4 9    ……70×70=7×7×100
      9                    …❸
+ 5 6 0 0 …
  ─────
  5 6 0 9
```

❶+❷+❸=7×1×100+7×7×100=7×(7+1)×100=56×100

56×100+9　例題1の解き方と同じになります

★問題を変えて、もう1問解いてみましょう。

[例題2]

$85 \times 85 = ?$

筆算式にして計算すると、

```
    8 5
  × 8 5
  ─────
    2 5   ……5×5
  + 7 2   ……8×(8+1)
  ─────
  7 2 2 5
```

　この解き方は、3ケタの掛け算にも使うことができます。
　その場合、下1ケタが足して10で、上2ケタが同じことが条件です。

[例題3]

124×126＝？
上2ケタが同じで、下1ケタが足して10

❶ 下1ケタどうしを掛ける

124の4と126の6を掛けます。

$4×6=\boxed{24}$ ── 1の位と10の位の答え

❷ 上2ケタに1を足して、上2ケタどうしを掛ける

12に1を足して上2ケタの12と掛けます。

$12×(12+1)=\boxed{156}$

これが万の位と1000の位と100の位の答え
※すごい計算⑦より
　12×13＝？
　12＝10+2　13×10＝130　13×2＝26
　130+26＝156

❸ ②に100を掛けて①を足す

15600＋24＝15624

```
    1 2 4
  × 1 2 6
  ───────
      2 4  ……4×6
  ＋1 5 6    ……12×(12＋1)
  ───────
  1 5 6 2 4
```

　この解き方は、上2ケタ（10の位と100の位）の数が同じで、下1ケタ（1の位）の数を足して10であれば、3ケタまでの掛け算に使うことができます。

　この計算方法を覚えてしまえば簡単に計算でき、計算のスピードがぐんとアップしますので、暗算でやってみましょう。最初は筆算式を使うと、位取りを間違わずに計算できます。

練習問題13
①34×36＝？　　②58×52＝？

◎解答は75ページ

すごい計算 14

100を基準に考える！
2つの数が100に近いとき

ここで使う
100に近い数どうしの掛け算の計算方法です。100に対する2つの数の補数を足して100から引き、その数に100を掛けて、補数を掛けた数を足した合計が答えです。

[例題]

$$98 \times 89 = ?$$

解き方

❶ 2つの数の補数を求める

それぞれ100に対する補数を求めます。
98の補数は2、89の補数は11。

$$100 - 98 = \boxed{2}$$ ——2が補数

$$100 - 89 = \boxed{11}$$ ——11が補数

❷ 2つの補数を足して、100から引く

2と11を足して、100から引きます。

$$100 - (2 + 11) = 87$$

❸ ②に100を掛けた数と2つの補数を掛けた数を足す

87と100を掛けた数と2と11を掛けた数を足して、答えは8722。

$$87 \times 100 + 2 \times 11 = 8700 + 22 = 8722$$

> 2 掛け算 ①

図解でおさらい！

$98 \times 89 = ?$

$100 - 98 = 2$ 　補数1　……❶

$100 - 89 = 11$ 　補数2　……❶

$100 - (2 + 11) = 87$ 　ポイント　補数1　補数2　…❷

$87 \times 100 + 2 \times 11 = 8722$ 　ポイント　補数1　補数2　答え　…❸

73ページの解答　①1224　②3016

こういう仕組み！

98×89は、なぜ87×100+2×11になるのでしょう。98×89を計算式にすると、

100×100−(100×2+100×11)+(2×11)

と表すことができます（図参照）。100×100から100×2と100×11を引き、引き過ぎた2×11を足すことで答えが求められるからです。

100×100−(100×2+100×11)を、式を変えてまとめると、

100×100−13×100=(100−13)×100=87×100

これに2×11を足すので、87×100+2×11になるというわけです。

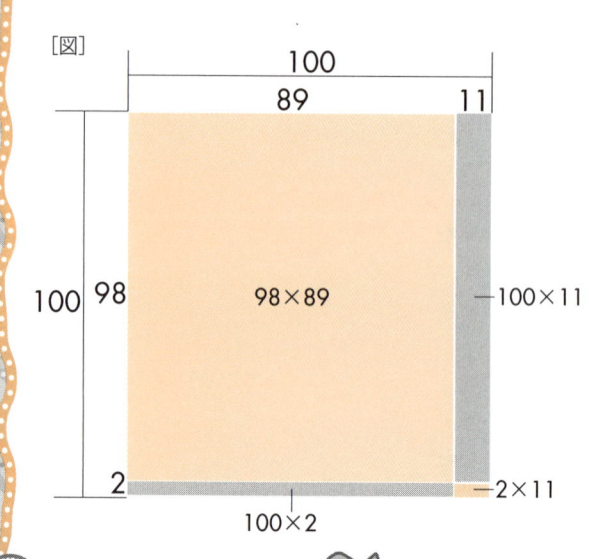

[図]

```
            100
       89        11
   ┌─────────┬────┐
   │         │    │
98 │  98×89  │    │ —100×11
100│         │    │
   │         │    │
   ├─────────┴────┤
 2 │              │ —2×11
   └──────────────┘
        100×2
```

練習問題14

① 98×96＝？　　② 97×95＝？

③ 87×99＝？　　④ 88×89＝？

2 掛け算 ①

◎解答は79ページ

まとめ＆応用問題　掛け算2

[問題]
掛け算の解き方を使って、次の問題を計算しましょう

❶ 15×75×3＝？

❷ 43×3×63＝？

❸ 9×23×22＝？

❹ 5×95×95＝？

❺ 22×82×5＝？

❻ 9×54×56=?

❼ 55×2×75=?

❽ 98×4×94=?

❾ 33×35×6=?

❿ 12×41×49=?

77ページの解答　①9408　②9215　③8613　④7832

まとめ&応用問題 掛け算2

[解答]

ポイント

・2つの数の関係を見つけ、あてはまる計算式を使って計算。
・2ケタと1ケタの数の組み合わせは、最初に2ケタどうしを計算し、その数に1ケタを掛けて計算すると速い。

❶ 15×75×3＝3375

すごい計算⑩　15×75から計算する
1×7＝7　　(1+7)÷2＝4
(7+4)×100+25＝1125
1125×3＝3375

❷ 43×3×63＝8127

すごい計算⑫　43×63から計算する
4×6+3＝27　　3×3＝9
27×100+9＝2709
2709×3＝8127

❸ 9×23×22＝4554

すごい計算⑪　23×22から計算する
23+2＝25　　3×2＝6
25×(2×10)+6＝506
506×9＝4554

❹ 5×95×95＝45125

すごい計算⑭　95×95から計算する
100−95＝5　　100−95＝5
100−(5+5)＝90
90×100+5×5＝9025
9025×5＝45125

❺ 22×82×5＝9020

すごい計算⑫　22×82から計算する
2×8+2＝18　　2×2＝4
18×100+4＝1804
1804×5＝9020

❻ 9×54×56=27216
すごい計算⑬　54×56から計算する
(5+1)×5=30　　4×6=24
30×100+24=3024
3024×9=27216

❼ 55×2×75=8250
すごい計算⑩　55×75から計算する
5×7=35　　(5+7)÷2=6
(35+6)×100+25=4125
4125×2=8250

❽ 98×4×94=36848
すごい計算⑭　98×94から計算する
100-98=2　　100-94=6
100-(2+6)=92
92×100+2×6=9212
9212×4=36848

❾ 33×35×6=6930
すごい計算⑪　33×35から計算する
33+5=38　　3×5=15
38×(3×10)+15=1155
1155×6=6930

❿ 12×41×49=24108
すごい計算⑬　41×49から計算する
(4+1)×4=20　　1×9=9
20×100+9=2009
2009×12=(2000+9)×12
2000×12+9×12=24108

2 掛け算 ①

Column

こんな解き方もある①

マス目計算法

掛け算では、マス目を埋めてパズルのように解く計算法もあります。

【例題1】46×34＝？

次のようにして解きます。

❶掛け合わせる数のケタ数のマスを描きます。46×34ですから、図1にような4つのマスを描き、右上から左下斜線を入れます。そしてマスの上に4、6、横に3、4と記します。

図1

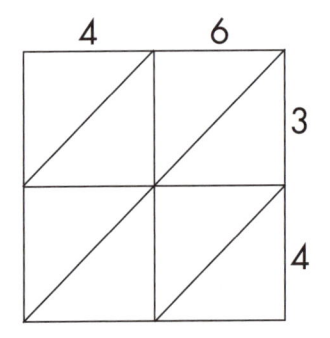

❷各マスの上の数と右の数を掛けます。6×3＝18をマスの斜線の中に記入します（図2）。

図2

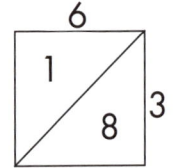

❸同じ要領で、6×4、4×3、4×4の数をマスに埋めていきます（図3）。

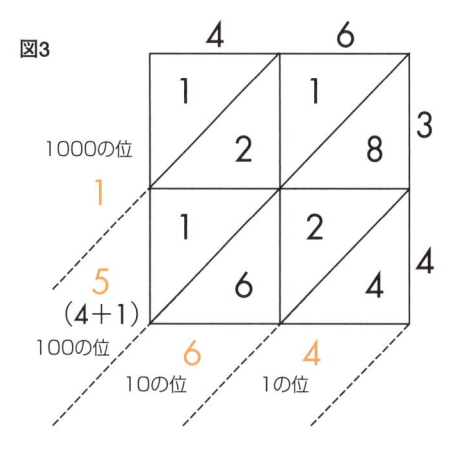

図3

```
          4        6
       ┌─────┬─────┐
       │ 1  /│ 1  /│
       │  / │  / │ 3
       │ / 2│ / 8│
1000の位├─────┼─────┤
  1    │ 1  /│ 2  /│
       │  / │  / │ 4
  5    │ / 6│ / 4│
 (4+1) └─────┴─────┘
100の位   6      4
        10の位   1の位
```

❹斜線で囲まれた数を右下から足していき、図3のようにマスの外に記します。このとき、繰り上がりがあったら、次の枠に足します。10の位が繰り上げるので、100の位に1を足します。

❺マスの外の数を左から順番並べると、答えは1564。

83

もう1問解いてみましょう。

【例題2】368×27＝？

　先のようにマスを描いて、同じ要領で掛けた数をマスに埋めていき、斜線の中の数を足すと、図4になります。その数を順番に並べると、答えは9936。

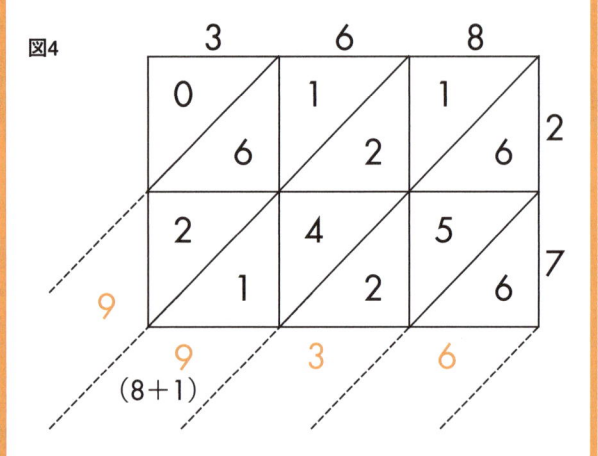

図4

```
         3        6        8
      ┌────────┬────────┬────────┐
      │ 0  ╱   │ 1  ╱   │ 1  ╱   │
      │  ╱  6  │  ╱  2  │  ╱  6  │ 2
      ├────────┼────────┼────────┤
      │ 2  ╱   │ 4  ╱   │ 5  ╱   │
      │  ╱  1  │  ╱  2  │  ╱  6  │ 7
      └────────┴────────┴────────┘
   9      9        3        6
        (8+1)
```

★ケタ数が4ケタ、5ケタ以上になっても同じように計算できます。パズル感覚で楽しく簡単に解けるので、覚えておくとよいでしょう。

Part3
たすき掛けの掛け算

すごい計算

●筆算式を書いてななめに計算する
 たすき掛けの計算法を
 マスターすれば、
 どんな掛け算にも応用できる

すごい計算 15

筆算式を書いて、ななめにたすき掛け！
2ケタの数の たすき掛け計算

ここで使う
これまでの計算方法を使うことのできない2ケタの掛け算は、筆算式を書いて、ななめに計算するたすき掛けの計算で解きましょう。

[例題]

$43 \times 38 = ?$

解き方

❶ 筆算式を書く

```
   4 3
 × 3 8
```

❷ 1の位どうしを掛ける

```
   4 3
 × 3 8
 ─────
   2 4
```

43の3と38の8を掛けて、1の位から書く（3×8=24）

❸10の位どうしを掛ける

```
   4 3
×  3 8
   2 4
 1 2
```

[1 2] 43の4と38の3を掛けて、100の位から書く（40×30＝1200）

❹1の位と10の位をたすきに掛ける

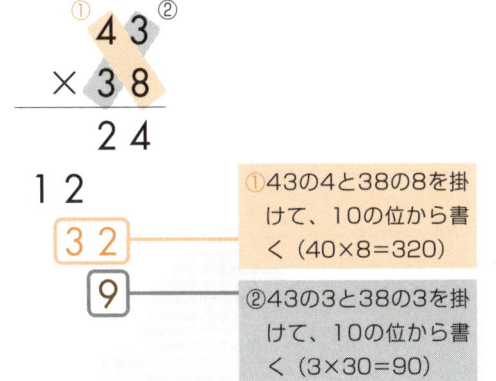

```
① 4 3 ②
 ×  3 8
    2 4
  1 2
```

[3 2] ①43の4と38の8を掛けて、10の位から書く（40×8＝320）

[9] ②43の3と38の3を掛けて、10の位から書く（3×30＝90）

3 掛け算 ②

❺ ④の数を合計する

4つの数を足して、答えは1634。

```
    4 3
  ×  3 8
  ─────
      2 4
  1 2 0 0
    3 2 0
      9 0
  ─────
  1 6 3 4
```

こういう仕組み！

43×38は、図のように40×30（Ⓐ）、40×8（Ⓑ）、3×30（Ⓒ）、3×8（Ⓓ）の4つの数が集まったものです。計算式にすると、43×38＝（40×30）＋（40×8）＋（3×30）＋（3×8）と表すことができます。たすき掛け計算は、この計算式にもとづいた計算方法なのです。

＜解き方＞を見てみましょう。40×30は❸、40×8と3×30は❹、3×8は❷、そして、その数の合計を❺で計算して、答えを導き出していることがわかります。

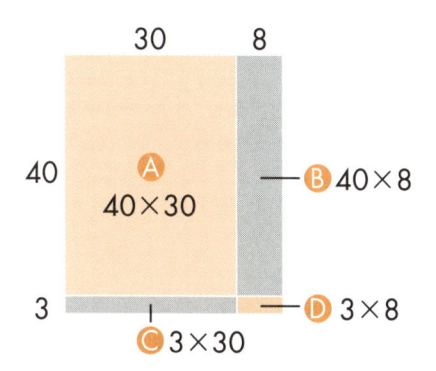

```
                30        8
         ┌──────────┬─────┐
         │          │     │
    40   │    Ⓐ    │     │──Ⓑ 40×8
         │   40×30  │     │
         │          │     │
         ├──────────┼─────┤
     3   │          │     │──Ⓓ 3×8
         └────┬─────┴─────┘
              Ⓒ 3×30
```

3 掛け算 ②

暗算でやってみよう！

$43 \times 38 = ?$

❶ 10の位の4と3、1の位の3と8を掛けて、それを足す。

$$40 \times 30 + 3 \times 8 = 1200 + 24 = 1224$$

❷ 10の位の4と1の位の8、1の位の3と10の位の3を掛けて、それを足す。

$$40 \times 8 + 3 \times 30 = 320 + 90 = 410$$

❸ 2つを足して、1634。

$$1224 + 410 = 1634$$

★それぞれの掛ける数（ケタ）を覚えると、さらに速く計算できます。たすき掛けの計算をマスターしたら、筆算式を書かずに暗算でやってみましょう。

☆練習問題は93ページ

すごい計算 16

2ケタどうしの筆算と要領は同じ！
3ケタと2ケタのたすき掛け計算

ここで使う
3ケタと2ケタの掛け算も、たすき掛けで計算しましょう。掛けられる数を上2ケタと下1ケタに分け、掛ける数を上ケタと下ケタに分けて、2ケタどうしの要領で、それぞれ計算します。

[例題]

$128 \times 37 = ?$

解き方

❶ 筆算式を書く

```
    1 2 8
  ×   3 7
─────────
```

❷ 下のケタどうしを掛ける

```
    1 2 8
  ×   3 7
─────────
        5 6
```

128の8と37の7を掛け、1の位から書く（8×7=56）

❸上のケタどうしを掛ける

```
  1 2 8
×   3 7
    5 6
3 6
```

128の12と37の3を掛けて、100の位から書く（120×30＝3600）

計算に慣れたら、②と③をまとめて書くと、さらに速く計算できます。

```
  1 2 8
×   3 7
3 6 5 6
```

56と3600をまとめて書く

❹ **上のケタと下のケタをたすきに掛ける**

```
    ①
  1 2 8  ②
×   3 7
─────────
  3 6 5 6
    8 4
  2 4
```

① 128の12と37の7を掛けて、10の位から書く（120×7=840）

② 128の8と37の3を掛けて、10の位から書く（8×30=240）

❺ **④の数を合計する**

3つの数を足して、答えは4736。

```
    3 6 5 6
      8 4 0
+     2 4 0
─────────
    4 7 3 6
```

練習問題15

① 45×36＝？　　② 64×29＝？

3 掛け算 ②

練習問題16

③ 313×55＝？　　④ 789×42＝？

◎解答は95ページ

ケタの分け方がポイント！
17 3ケタどうしのたすき掛け計算

ここで使う
3ケタの数どうしの掛け算も、たすき掛けで計算しましょう。上2ケタと下1ケタに分けてたすき掛けで計算しても、上1ケタと下2ケタに分けてもかまいません。2ケタの暗算がしやすいほうで計算するとよいでしょう。

[例題]

$$227 \times 103 = ?$$

解き方

❶ 筆算式を書く

```
   2 2 7
 × 1 0 3
─────────
```

❷ 下1ケタどうしを掛ける

```
   2 2 7
 × 1 0 3
─────────
      21
```

227の7と103の3を掛けて、1の位から書く（7×3＝21）

❸ 上2ケタどうしを掛ける

```
    2 2 7
  × 1 0 3
    ────
      2 1
  2 2 0
```

227の22と103の10を掛けて、100位から書く
（220×100＝22000）

　計算に慣れたら、②と③をまとめて書くと、さらに速算できます。

```
    2 2 7
  × 1 0 3
  ───────
  2 2 0 2 1
```

21と22000をまとめて書く

93ページの解答　①1620　②1856　③17215　④33138

❹上2ケタと下1ケタをたすきに掛ける

```
   ① 227 ②
   ×  103
   ―――――――
   22021
      66
      70
```

①227の22と103の3を掛けて、10の位から書く（220×3＝660）

②227の7と103の10をたすき掛けて、10の位から書く（7×100＝700）

❺④の数を合計する

3つの数を足して、答えは23381。

```
   22021
     660
+    700
―――――――
   23381
```

★例題の解き方では、3ケタの数を上2ケタと下1ケタに分けて計算しましたが、上1ケタと下2ケタに分けてもかまいません。暗算がしやすいほうで解きましょう。

練習問題17

① 125×146＝？　　② 328×193＝？

③ 527×534＝？　　④ 882×289＝？

◎解答は99ページ

すごい計算 18

3ケタどうしの掛け算と同じ！
4ケタと3ケタのたすき掛け計算

ここで使う
4ケタと3ケタの掛け算の要領は3ケタどうしの掛け算と同じです。4ケタの数は2ケタずつ、3ケタの数は上1ケタと下2ケタに分けて計算します。

[例題]

1122×314＝？

解き方

❶筆算式を書き、下2ケタどうしを掛ける

掛けられる4ケタの数を上2ケタと下2ケタに分け、掛ける3ケタの数を上1ケタと下2ケタに分けて掛けます。

```
  1 1 2 2
×   3 1 4
─────────
    3 0 8
```

1122の22と314の14を掛けて、1の位から書く
※22×14は、22をキリのよい数20にしてすごい計算⑦
　で解く　20→20+2
　20×14=280　2×14=28　280+28=308

❷ 上2ケタと上1ケタを掛ける

```
    1 1 2 2
  ×   3 1 4
    3 0 8
3 3
```

1122の11と314の3を掛けて、
万の位から書く
(1100×300＝330000)

計算に慣れたら、①と②をまとめて書きましょう。

```
    1 1 2 2
  ×   3 1 4
  3 3 0 3 0 8
```

308と330000を
まとめて書く

97ページの解答 ①18250 ②63304 ③281418 ④254898

❸ 上2ケタと下2ケタ、下2ケタと上1ケタをたすきに掛ける

```
   ① ②
   1 1 2 2
 ×   3 1 4
 ─────────
 3 3 0 3 0 8
     1 5 4
       6 6
```

①1122の11と314の14を掛けて、100の位から書く
1100×14＝15400
※1100の11をキリのよい数字10にして、すごい計算⑦を応用して解く
11→10＋1　10×14＝140　1×14＝14
140＋14＝154
1100を11にしたので、答えは15400

②1122の22と314の3を掛けて、100の位から書く
（22×300＝6600）

❹ ③の数を合計する

3つの数を足して、答えは352308。

```
  3 3 0 3 0 8
      1 5 4 0 0
+       6 6 0 0
  ─────────────
  3 5 2 3 0 8
```

練習問題18

①1568×786＝？

②4556×227＝？

◎解答は103ページ

すごい計算 19

2ケタに分けて計算!
4ケタどうしの たすき掛け計算

ここで使う
4ケタどうしの掛け算は、2ケタずつに分けることができるので、3ケタの計算より掛け方がわかりやすいでしょう。たすき掛け計算は5ケタ、6ケタにも使うことができます。

[例題]

3011×1825＝？

解き方

❶ 筆算式を書き、下2ケタどうしを掛ける

4ケタの数を上2ケタと下2ケタに分けて掛けます。

```
   3 0 1 1
 × 1 8 2 5
   ─────
      2 7 5
```

3011の11と1825の25を掛けて、1の位から書く
※11×25は、11をキリのよい数10にしてすごい計算⑦で解く
11→10+1
10×25=250　1×25=25　250+25=275

❷ 上2ケタどうしを掛ける

```
   3011
 ×1825
    275
  540
```

3011の30と1825の18を掛けて、万の位から書く
（3000×1800＝5400000）

計算に慣れたら、①と②をまとめて書きましょう。

```
   3011
 ×1825
5400275
```

101ページの解答　①1232448　②1034212

3 掛け算 ②

❸ 上2ケタと下2ケタをたすきに掛ける

```
       ①        ②
      3 0 1 1
   ×  1 8 2 5
   ─────────
   5 4 0 0 2 7 5
         7 5 0
         1 9 8
```

①3011の30と1825の25を掛けて、100の位から書く（3000×25＝75000）

②3011の11と1825の18を掛けて、100の位から書く（11×1800＝19800）
※11×1800は、11をキリのよい数字10にしてすごい計算⑦を応用して解く

❹ ③の数を合計する

3つの数を足して、答えは5495075。

```
  5 4 0 0 2 7 5
        7 5 0 0 0
  +   1 9 8 0 0 0
  ─────────────
  5 4 9 5 0 7 5
```

★このたすき掛け計算は5ケタ、6ケタにも使うことができます。ケタ数が増えると位取りを間違いやすくなるので、そこを注意して、5ケタ以上の掛け算にもチャレンジしてみましょう。

> 練習問題19

① 1982×3829＝？

② 2536×1914＝？

③ 4488×1428＝？

◎解答107ページ

まとめ&応用問題　掛け算3

[問題]
たすき掛けの解き方を使って、次の問題を計算しましょう

❶ 12×46＝?　　❷ 16×34＝?

❸ 19×26×13＝?　　❹ 23×37×16＝?

❺ 44×195＝？   ❻ 56×147＝？

3 掛け算 ②

❼ 29×18×365＝？   ❽ 33×29×218＝？

105ページの解答　①7589078　②4853904　③6408864

まとめ&応用問題　掛け算3

[解答]

ポイント
・補数や式を変えて計算できない掛け算は、たすき掛けの筆算法で計算。
・3つ以上の数の組み合わせのときは、同じケタどうしに分けて計算。同じケタの4つの組み合わせのときは、2つのグループに分けて計算する。

❶ 12×46＝552

すごい計算⑮

```
    1 2
  ×  4 6
   4 1 2   (1×4  2×6)
     6     (1×6)
     8     (2×4)
   5 5 2
```

❷ 16×34＝544

すごい計算⑮

```
    1 6
  ×  3 4
   3 2 4   (1×3  6×4)
     4     (1×4)
    1 8    (6×3)
   5 4 4
```

❸ 19×26×13＝6422

すごい計算⑮

```
    1 9
  ×  2 6
   2 5 4   (1×2  9×6)
     6     (1×6)
    1 8    (9×2)
   4 9 4
```

すごい計算⑯

```
      4 9 4
   ×     1 3
    4 9 1 2   (49×1  4×3)
      1 4 7   (49×3)
          4   (4×1)
    6 4 2 2
```

❹ 23×37×16＝13616

すごい計算⑮

```
    2 3
  ×  3 7
   6 2 1   (2×3  3×7)
    1 4    (2×7)
     9     (3×3)
   8 5 1
```

すごい計算⑯

```
      8 5 1
   ×     1 6
    8 5 0 6   (85×1  1×6)
      5 1 0   (85×6)
          1   (1×1)
   1 3 6 1 6
```

❺ 44×195=8580
すごい計算⑯

```
      1 9 5
   ×    4 4
   7 6 2 0  (19×4  5×4)
      7 6   (19×4)
      2 0   (5×4)
   8 5 8 0
```

❻ 56×147=8232
すごい計算⑯

```
      1 4 7
   ×    5 6
   7 0 4 2  (14×5  7×6)
      8 4   (14×6)
      3 5   (7×5)
   8 2 3 2
```

❼ 29×18×365=190530
すごい計算⑮

```
      2 9
   ×  1 8
   2 7 2  (2×1  9×8)
   1 6    (2×8)
      9   (9×1)
   5 2 2
```

❽ 33×29×218=208626
すごい計算⑮

```
      3 3
   ×  2 9
   6 2 7  (3×2  3×9)
   2 7    (3×9)
      6   (3×2)
   9 5 7
```

すごい計算⑰

```
       5 2 2
    ×  3 6 5
  1 8 7 2 1 0  (52×36※ 2×5)
      2 6 0    (52×5)
       7 2     (2×36)
  1 9 0 5 3 0
```

すごい計算⑰

```
       9 5 7
    ×  2 1 8
  1 9 9 5 5 6  (95×21※ 7×8)
      7 6 0    (95×8)
      1 4 7    (7×21)
  2 0 8 6 2 6
```

※52×36 すごい計算⑦
52=50+2
36×50=1800
1800+36×2=1872

※95×21 すごい計算⑦
21=20+1
95×20=1900
1900+95×1=1995

まとめ&応用問題 掛け算3

[問題]
足し算の解き方を使って、次の問題を計算しましょう

❾ 1658×735＝?

❿ 51×19×2197＝?

⓫ 47×33×54×26=?

⓬ 22×77×81×39=?

まとめ&応用問題 掛け算3

[解答]

❾ 1658×735=1218630

すごい計算⑱

```
      1658
    ×  735
  1122030  (16×7 58×35※1)
       560       (16×35※2)
       406       (58×7)
   1218630
```

※1 58×35 すごい計算⑨
58=2×29
2×35=70
70×29=2030

※2 16×35 すごい計算⑨
16=2×8
2×35=70
70×8=560

❿ 51×19×2197=2128893

すごい計算⑮

```
    51
  × 19
   509  (5×1  1×9)
    45  (5×9)
     1  (1×1)
   969
```

すごい計算⑱

```
         2197
       ×  969
     1896693  (21×9 97×69※1)
        1449       (21×69※2)
         873       (97×9)
     2128893
```

※1 97×69 すごい計算⑧
97=100−3
69×100=6900
6900−(69×3)=
6900−207=
6693 (すごい計算⑥)

※2 21×69 すごい計算⑦
21=20+1
69×20=1380
1380+(69×1)=
1380+69=
1449

⑪ 47×33×54×26＝
　　2177604

すごい計算⑮

```
    47          54
  × 33        × 26
  ----        ----
  1221        1024
   12          30
   21           8
  ----        ----
  1551        1404
```

⑫ 22×77×81×39＝
　　5351346

すごい計算⑮

```
    22          81
  × 77        × 39
  ----        ----
  1414        2409
   14          72
   14           3
  ----        ----
  1694        3159
```

すごい計算⑲

```
      1551
    ×1404
    ------
   2100204  (15×14※1
                51×04)

        60   (15×04)
       714   (51×14※2)
    ------
   2177604
```

※1　15×14　すごい計算⑨
　　14＝2×7
　　2×15＝30
　　7×30＝210

※2　51×14　すごい計算⑦

すごい計算⑲

```
      1694
    ×3159
    ------
   4965546  (16×31※1
                94×59※2)

       944   (16×59※3)
      2914   (94×31※4)
    ------
   5351346
```

※1　16×31　すごい計算⑦
※2　94×59　すごい計算⑧
※3　16×59　すごい計算⑧
※4　94×31　すごい計算⑦

3 掛け算 ②

Column

こんな解き方もある②

線引き計算法

掛け合わせる数の線を引き、その線と線の交わった点を数えて答えを求める計算法です。

【例題1】21×13＝？

次のようにして解きます。

❶右上から左下へ2本、間隔を空けて、その下に1本の線を引きます。この線は21という数を表しています（図1）。

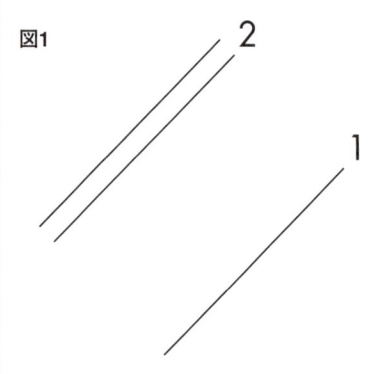

図1

❷今度は左上から右下へ1本、間隔を空けて、その上に3本の線を引きます。この線は13という数を表しています（図2）。

図2

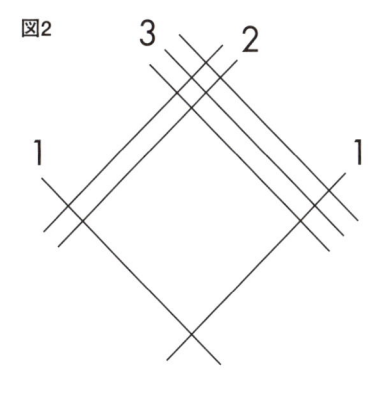

❸ 図2のようなひし形の線の交差ができます。その交点を数えます。左、中、右の順に交点を数えると、2、7、3で、答えは273。

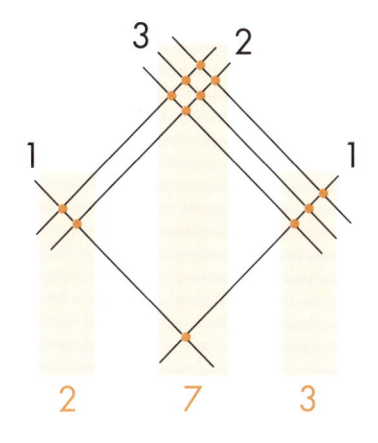

もう1問解いてみましょう。

【例題2】113×224＝？

　先の要領で、それぞれの数の線を引き、その交点の数を左から順に数えると、2、5、3、1、2で、答えは25312。

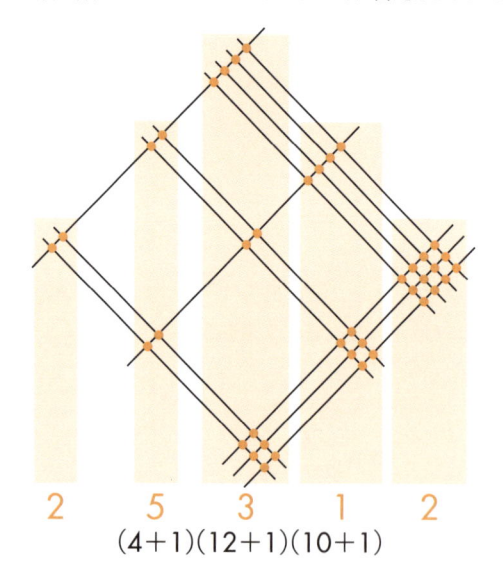

$$2\quad 5\quad 3\quad 1\quad 2$$
$$(4+1)(12+1)(10+1)$$

★線の交点の数が、そのまま答えになって出てくる不思議な計算法です。ひし形になるようにきちんと線を描かないと、交点が数えにくくなり、計算も間違いやすくなります。数が大きいとき、ケタ数が多い場合は、とくに注意しましょう。

Part4
割り算

すごい計算
同じ数で割りきれるときの割り算は簡単な計算法がある
25で割るときの割り算は簡単な計算法がある
割る数をキリのよい数にする割り算の計算方法

すごい計算 20

できるだけ大きな割りきれる数を見つける！

同じ数で割りきれるときの割り算

ここで使う
2つの数字が同じ数で割れるときの計算方法です。できるだけ大きな数を見つけるようにしましょう。あとで割り算がしやすくなります。

[例題]

8100÷54＝？

解き方

❶ 2つの数が割れる共通の数字を見つける

ここでは「9」。

❷ 割られる数を○×9の形に変える

割られる数8100を900×9にします。

$$8100 = 900 \times 9$$

❸ 割る数を同じように△×9の形にする

割る数54を6×9にします。

$$54 = 6 \times 9$$

❹ 掛けた同じ数を除いて計算する

8100と54の形を変えたときの同じ数9を除いて、900を6で割ると、答えは150。

$$900 \div 6 = 150$$

図解でおさらい！

$8100 \div 54 = ?$

$8100 = 900 \times 9$ ……❷

$54 = 6 \times 9$　同じ数　……❸

$900 \div 6 = 150$ ……❹
　　　　　答え

こういう仕組み！

8100は、900に9を掛けた数です。54は、6に9を掛けた数です。したがって、掛けた同じ数を除いて割れば、8100÷54と同じ計算になるわけです。

練習問題20

①$5400 \div 45 = ?$　　②$8100 \div 18 = ?$

4 割り算

◎解答は121ページ

すごい計算 21

割られる数に4を掛けて100で割る！

25で割るときの割り算

ここで使う
割る数が25のときに、4を掛けて割りやすい数の100にして計算する方法です。ただし、割られる数の下2ケタが25もしくはその倍数（50、75、00）の場合しか整数で割りきれません。

[例題]

$$1225 \div 25 = ?$$

解き方

❶ 割る数に4を掛ける

割る数25に4を掛けて、100にします。

$$25 \times 4 = 100$$

❷ 割られる数に4を掛ける

割られる数1225に4を掛けて、4900にします。

$$1225 \times 4 = \boxed{4900}$$

> すごい計算⑦を応用して解く
> $1225 \times 4 = 1200 \times 4 + 25 \times 4 = 4800 + 100 = 4900$

❸ ❷を❶で割る

4900を100で割ると、答えは49。

$$4900 \div 100 = 49$$

図解でおさらい！

1225÷25＝？

25×4＝100 ……❶
　ポイント

1225×4＝4900 ……❷
　　ポイント

4900÷100＝49 ……❸
　　　　　　答え

こういう仕組み！

25に4を掛け、1225にも4を掛けました。同じ数を掛けたのですから、4900を25×4の100で割れば、1225÷25と同じ計算になるわけです。

練習問題21

①2475÷25＝？　　②6650÷25＝？

4 割り算

◎解答は123ページ

119ページの解答　①120　②450

すごい計算 22

キリのよい数と補数で計算！
補数を使う割り算①

ここで使う
割る数が小さい補数でキリのよい数になるときの計算方法です。キリのよい数と補数で計算していき、最後に割る数で割って答えを求めます。

[例題]

$1425 ÷ 19 = ?$

解き方

❶ 割る数の補数を求める

割る数19をキリのよい数20にして、その補数を求めます。

$19 = 20 - 1$ ← 20に対する19の補数は1

❷ 筆算式を書き、割る数の上に①を記す

19の上に20−1とメモします。

```
  20-1
19 ) 1425
```

❸ キリのよい数で割って、商を立てる

142を20で割って、商7を立てます。

```
        7       ← 142÷20
  20-1
19 ) 1425
```

❹商とキリのよい数を掛けて引く

7と20を掛けて、142から引きます。

```
            7
20-1  ┌─────────
  19 )  1 4 2 5
            2      ← 142-(7×20)
```

❺商と補数を掛ける

商7と補数1を掛けて、10の位に書きます。

```
            7
20-1  ┌─────────
  19 )  1 4 2 5
            2
            7      ← 7×1
```

❻❹と❺を足して、残りの数を下ろす

2と7を足して、5を下ろします。

```
            7
20-1  ┌─────────
  19 )  1 4 2 5
            2
            7
          ─────
            9 5    ← 20+70+5
```

121ページの解答　①99　②266

❼ ❻を割る数で割って、商を立てる

95を19で割って、商5を立てます。

```
           7 5
20-1 ┌─────────
  19 │ 1 4 2 5
          2
          7
       ───────
          9 5
```

❽ 商と割る数を掛けて引く

5と19を掛けて、95から引くと、答えは75。

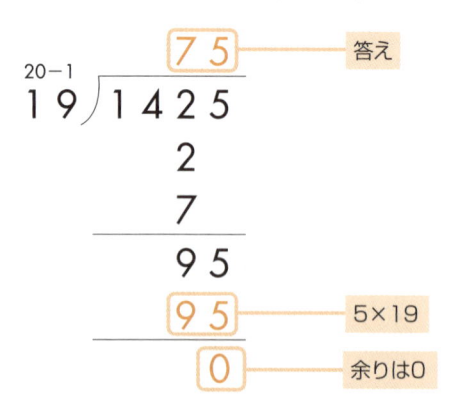

```
          ┌7 5┐ ── 答え
20-1 ┌─────────
  19 │ 1 4 2 5
          2
          7
       ───────
          9 5
       ┌─────┐
       │ 9 5 │ ── 5×19
       └─────┘
         ┌0┐ ── 余りは0
         └─┘
```

★途中の計算が足し算（❻で❹と❺を足す）になることに注意して、筆算の順序を覚えましょう。

練習問題22

① 3465÷99＝？　　② 5694÷78＝？

③ 6080÷69＝？　　④ 8444÷87＝？

◎解答は127ページ

すごい計算 23

途中で割られる数が大きくなったら…
補数を使う割り算②

ここで使う

計算の途中で、割られる数が割る数より大きい数になるときの計算方法です。解き方は、基本的にすごい計算㉒と同じです。最初に立てた商に、1を足して商をたてかえるのを忘れないようにしましょう。

[例題]

$7942 \div 98 = ?$

解き方

❶ 割る数の補数を求める

98をキリのよい数100にして、その補数を求めます。

$98 = 100 - \boxed{2}$ ── 100に対する98の補数は2

❷ 筆算式を書き、割る数の上に①を記す

98の上に100−2とメモします。

```
     100−2
  98 ) 7942
```

❸ キリのよい数で割って、商を立てる

794を100で割って、商7を立てます。

```
     100−2      ⌈7⌉ ── 794÷100
  98 ) 7942
```

❹商とキリのよい数を掛けて引く

7と100を掛けて、794から引きます。

```
           7
100-2 ┌─────────
  98 ) 7 9 4 2
        9 4     ← 794−(7×100)
```

❺商と補数を掛ける

商7に補数2を掛けて、10の位から書きます。

```
           7
100-2 ┌─────────
  98 ) 7 9 4 2
        9 4
        1 4     ← 7×2
```

❻❹と❺を足す

94と14を足します。

```
           7
100-2 ┌─────────
  98 ) 7 9 4 2
        9 4
        1 4
      ─────────
        1 0 8   ← 940+140
```

125ページの解答　①35　②73　③88余り8　④97余り5

❼ ⑥の結果が割る数より大きいときは、割る数で割って、商に1を足して、割られる数の1の位を下ろす

98より108のほうが大きいので、108を98で割った1を商7に足します。割られる数7942の2を下ろします。

```
         8      ← 7+1（商を8にたてかえる）
100-2 ┌─────
  98 )7942
       94
       14
     1082
```

❽ 足した商と割る数を掛けて引く

足した1と98を掛けて、108から引きます。

```
         8
100-2 ┌─────
  98 )7942
       94
       14
     1082
       98      ← 1×98
      102
```

❾ ⑧を割る数で割って、商を立てる

102を98で割って、商1を立てます。

```
              8 1
100-2    ┌────────
  9 8 ) 7 9 4 2
          9 4
          1 4
        1 0 8 2
          9 8
        1 0 2
```

❿ 商と割る数を掛けて引く

1と98を掛けて、102から引くと、答えは81余り4。

```
             8 1       ─── 商
100-2    ┌────────
  9 8 ) 7 9 4 2
          9 4
          1 4
        1 0 8 2
          9 8         ─── 1×98
        1 0 2
          9 8
            4         ─── 余り
```

4 割り算

まとめ＆応用問題　割り算

[問題]
割り算の解き方を使って、次の問題を計算しましょう

❶ 1080÷18＝？　　❷ 2400÷16＝？

❸ 4200÷35÷20＝？　❹ 5600÷32÷5＝？

❺ 3300÷55÷30＝？　❻ 8100÷36÷45＝？

❼ 2325÷25÷31＝？　❽ 5600÷25÷32＝？

❾ 8250÷25÷55＝？　❿ 4450÷89÷25＝？

⓫ 6475÷37÷25＝？　⓬ 9150÷61÷25＝？

まとめ&応用問題 割り算

[解答]

ポイント
- 割る数が25や式を変えて計算できそうな数のときは、あてはまる方法を使って、暗算で計算。それ以外の計算は、割る数を補数でキリのよい数にし、筆算で計算。
- 3つの数の組み合わせのときは、まず補数を使うことで計算しやすい数を見つけ、それを最初の割る数にして計算。

❶ 1080÷18=60
すごい計算⑳ 9で割り切れる
1080=9×120
18=9×2
120÷2=60

❷ 2400÷16=150
すごい計算⑳ 8で割り切れる
2400=8×300
16=8×2
300÷2=150

❸ 4200÷35÷20=6
すごい計算⑳
4200と35は7で割り切れる
4200=7×600
35=7×5
600÷5=120
120÷20=6

❹ 5600÷32÷5=35
すごい計算⑳
5600と32は8で割り切れる
5600=8×700
32=8×4
700÷4=175
175÷5=35

❺ 3300÷55÷30=2
すごい計算⑳
3300と55は11で割り切れる
3300=11×300
55=11×5
300÷5=60
60÷30=2

❻ 8100÷36÷45=5
すごい計算⑳
8100と36は9で割り切れる
8100=9×900
36=9×4
900÷4=225
225÷45=5
※すごい計算⑳ 225と45は5で割り切れる
225=5×45
45=5×9
45÷9=5

❼ 2325÷25÷31=3
すごい計算㉑
2325÷25から計算する
25×4=100
2325×4=9300
9300÷100=93
93÷31=3

❽ 5600÷25÷32=7
すごい計算㉑
5600÷25から計算する
25×4=100
5600×4=22400
22400÷100=224
224÷32=7※

※すごい計算⑳
224と32は8で割り切れる
224=8×28
32=8×4
28÷4=7

❾ 8250÷25÷55=6
すごい計算㉑
8250÷25から計算する
25×4=100
8250×4=33000
33000÷100=330
330÷55=6※

※すごい計算⑳
330と55は11で割り切れる
330=11×30
55=11×5
30÷5=6

❿ 4450÷89÷25=2
すごい計算㉑
4450÷25から計算する
25×4=100
4450×4=17800
17800÷100=178
178÷89=2

⓫ 6475÷37÷25=7
すごい計算㉑
6475÷25から計算する
25×4=100
6475×4=25900
25900÷100=259
259÷37=7

⓬ 9150÷61÷25=6
すごい計算㉑
9150÷25から計算する
25×4=100
9150×4=36600
36600÷100=366
366÷61=6

まとめ&応用問題　割り算

⓭ 9114÷98＝？

⓮ 5952÷96÷31＝？

⓯ 7055÷87÷9＝？

❻ 17424÷198＝？

❼ 41753÷497＝？

❽ 35798÷389÷23＝？

まとめ＆応用問題　割り算

[解答]

⑬ 9114÷98＝93

すごい計算㉒　98をキリのよい数100にする

```
100-2         93
    98 ) 9114
          11   …911-900
          18   …9×2
         294   …290+4
         294   …3×98
           0
```

⑭ 5952÷96÷31＝2

すごい計算㉒　96をキリのよい数100にする

```
100-4          6
              5 2
    96 ) 5952
          95   …595-500
          20   …5×4
         115   商に1を足す　5→6（すごい計算㉓参照）
          96   …1×96
         192   …190+2
         192   …2×96
           0
```

62÷31＝2

⑮ 7055÷87÷9＝9余り8

すごい計算㉒　87をキリのよい数90にする

```
90-3           8
              7 1
    87 ) 7055
          75   …705-630
          21   …7×3
          96   商に1を足す　7→8（すごい計算㉓参照）
          87   …1×87
          95   …90+5
          87   …1×87
           8
```

81余り8÷9＝9余り8

⓰ 17424÷198＝88

すごい計算㉒　198をキリのよい数200にする

```
             88
200-2    ┌────────
   198 ) 17424
           142     …1742-1600
            16     …8×2
          1584     …1580+4
          1584     …8×198
             0
```

⓱ 41753÷497＝84余り5

すごい計算㉒　497をキリのよい数500にする

```
             84
500-3    ┌────────
   497 ) 41753
           175     …4175-4000
            24     …8×3
          1993     …1990+3
          1988     …4×497
             5
```

⓲ 35798÷389÷23＝4余り10

すごい計算㉒　389をキリのよい数400にする

```
              9
              ⤴
              82
400-11   ┌────────
   389 ) 35798
           379     …3579-3200
            88     …8×11
           467     商に1を足す 8→9 （すごい計算㉓参照）
           389     …1×389
           788     …780+8
           778     …2×389
            10
```

92余り10÷23＝4余り10

Column

インド式算数は、ここで使うと便利②

差し入れのおにぎりの代金

アルバイトを雇って仕事をしたところ、思ったより時間がかかってしまいました。そこで、みんなにおにぎりの差し入れをすることに。

おにぎりには1個120円、アルバイトは35人。さて、合計金額は？

ここは、すごい計算⑨を使いましょう。暗算しやすいように、120を12×10と考えます。12×35×10＝？ 12＝2×6　2×35＝70　6×70＝420　合計金額は4200円。

Part2の計算法をマスターしておくと、割引後の商品の値段の計算（たとえば1200円の商品を25％引きで買う）など、思いがけないときに使うことができます。どんなときに使えるか、あなたも考えてみてください。

素早い割り勘計算で大ウケ！

中学校の同窓会で、二次会に流れたAさんたちは居酒屋で飲みなおしました。飲食代の合計金額はちょうど40000円。割り勘で払うことになりましたが、幹事は酔っていたせいもあって、1人いくらになるのか、まごついてうまく計算ができません。

二次会の参加者は16人でした。そこでAさんが思いついたのが、すごい計算⑳の計算法。

40000÷16＝？　40000＝4×10000　16＝4×4
10000÷4＝2500

素早く暗算したAさんは「1人、2500円だよ」と、幹事に報告。すっかり株を上げたAさんでした。

Part5
総合練習問題

すごい計算❶から㉓をどれくらい身に
つけることができましたか？
総合練習問題であなたの計算力を
チェックしてみましょう！

[問題]

❶ 1876＋336＋898＝？

❷ 468＋576＋2997＝？

❸ 2645＋1976＋3569＝？

[問題]

❹566+157+359+182＝？

❺899+288+457+966＝？

❻3977+1998+784+686＝？

[解答]　☆①〜㉓はすごい計算の番号です

❶ 1876＋336＋898＝3110

336＋898…①の応用（898をキリのよい900にする）
336＋900－2＝1234

```
    1 8 7 6
  ＋ 1 2 3 4 …③
    1 1 0
      3 0
    3 1 1 0
```

❷ 468＋576＋2997＝4041

```
    4 6 8
  ＋ 5 7 6 …②
    1 4 4
        9
    1 0 4 4
```

1044＋2997…①の応用（2997をキリのよい3000にする）
1044＋3000－3＝4041

❸ 2645＋1976＋3569＝8190

2645＋1976…①の応用（1976をキリのよい2000にする）
2645＋2000－24＝4621

```
    4 6 2 1
  ＋ 3 5 6 9 …③
        9 0
      8 1
    8 1 9 0
```

[解答]

❹ 566+157+359+182=1264

```
  566
+ 157  …②
  123
    6
  723
```

```
  359
+ 182  …②
  141
    4
  541
```

723+541=1264…②

❺ 899+288+457+966=2610

899+966…①の応用（899を
キリのよい900にする）
900+966−1=1865
288+457…①の応用（288を
キリのよい300にする）
300+457−12=745

```
  1865
+  745  …③
   110
    25
  2610
```

❻ 3977+1998+784+686=7445

3977+784…①の応用（3977を
キリのよい4000にする）
4000+784−23=4761
1998+686…①の応用（1998を
キリのよい2000にする）
2000+686−2=2684

```
  4761
+ 2684  …③
   145
    73
  7445
```

[問題]

❼564+977−892=?

❽855+298−665=?

❾2212−(448+596)=?

[問題]

❿ 1000−164+823−737=?

⓫ 1000−238−384+121=?

⓬ 10000−7555+6311−2787=?

[解答]　☆①〜㉔はすごい計算の番号です

❼564＋977－892＝649
564＋977…①の応用（977をキリのよい1000にする）
564＋1000－23＝1541
892→1000…⑤（892をキリのよい1000にする）
※900ではなく1000にすると計算が速くなる！
1000－892＝108…⑥
1541－1000＝541
541＋108＝649

❽855＋298－665＝488
855＋298…①の応用（298をキリのよい300にする）
855＋300－2＝1153
665→1000…⑤（665をキリのよい1000にする）
1000－665＝335…⑥
1153－1000＝153
153＋335＝488

❾2212－（448＋596）＝1168
448＋596…①の応用（596をキリのよい600にする）
448＋600－4＝1044
1044→2000…⑤（1044をキリのよい2000にする）
※2000にすると計算が速くなる！
2000－1044＝956…⑥
2212－2000＝212
212＋956＝1168

[解答]

❿ 1000−164+823−737=922

1000−164=836…⑥
737→800…⑤（737をキリのよい800にする）
800−737=63
823−800=23
63+23=86
836+86=922…①

⓫ 1000−238−384+121=499

1000−238=762…⑥
384→400…⑤（384をキリのよい400にする）
400−384=16
762−400=362
362+16=378
378+121=499

⓬ 10000−7555+6311−2787=5969

10000−7555=2445…⑥
2787→3000…⑤（2787をキリのよい3000にする）
3000−2787=213
6311−3000=3311
3311+213=3524
2445+3524=5969

5 総合練習問題

[問題]

⑬ 3846＋385－1978＝?

⑭ 7886＋955－3551＝?

⑮ (6852－4558)＋(4661－3274)＝?

[問題]

⓰ (596+788)×24＝？

⓱ 325×(697+164)＝？

⓲ (535+396)×343＝？

[解答]　☆①〜㉓はすごい計算の番号です

❸ 3846＋385－1978＝2253

```
   3 8 4 6
＋  3 8 5  …③
   1 3 1
   4 1
   4 2 3 1
```

1978→2000…⑤（1978をキリのよい2000にする）
2000－1978＝22
4231－2000＝2231
2231＋22＝2253

❹ 7886＋955－3551＝5290

7886＋955…①の応用（955をキリのよい1000にする）
7886＋1000－45＝8841
3551→4000…⑤（3551をキリのよい4000にする）
4000－3551＝449…⑥
8841－4000＝4841

```
   4 8 4 1
＋   4 4 9  …③
     9 0
   5 2
   5 2 9 0
```

❺ （6852－4558）＋（4661－3274）＝3681

4558→5000…⑤（4558を　　3274→4000…⑤（3274を
キリのよい5000にする）　　キリのよい4000にする）
5000－4558＝442　　　　　4000－3274＝726
6852－5000＝1852　　　　 4661－4000＝661
1852＋442＝2294　　　　　661＋726＝1387
　　　　　2294＋1387＝3681…③

[解答]

❶⑥ (596＋788)×24＝33216

596＋788…①の応用（596をキリのよい600にする）
600＋788－4＝1384

```
     1 3 8 4
   ×    2 4  …⑱
     2 0 1 6  …⑫ (84×24)
   3 1 2      …⑦ (13×24)
   3 3 2 1 6
```

❶⑦ 325×(697＋164)＝279825

697＋164…①の応用（697をキリのよい700にする）
700＋164－3＝861

```
       3 2 5
     × 8 6 1  …⑰
   2 4 1 5 2 5  (3×8  25×61…⑦)
       1 8 3    (3×61)
       2 0 0    (25×8)
   2 7 9 8 2 5
```

❶⑧ (535＋396)×343＝319333

535＋396…①の応用（396をキリのよい400にする）
535＋400－4＝931

```
       9 3 1
     × 3 4 3  …⑰
   2 7 1 3 3 3  (9×3  31×43…⑦)
       3 8 7    (9×43)
         9 3    (31×3)
   3 1 9 3 3 3
```

[問題]

⑲ 218×(4112−3263)=?

⑳ (9134−7778)×1211=?

㉑ 76×57+(4244−3955)=?

[問題]

㉒ $19 \times 84 + 44 \times 47 = ?$

㉓ $65 \times 25 + 73 \times 33 = ?$

㉔ $97 \times 86 - 68 \times 62 = ?$

[解答] ☆①〜㉓ はすごい計算の番号です

❿ 218×(4112−3263)=185082

3263→4000…⑤（3263を
キリのよい4000にする）
4000−3263=737
4112−4000=112
112+737=849

```
        2 1 8
     ×  8 4 9 …⑰
     1 7 6 4 7 2 ※
        1 8 9     (21×9)
          6 7 2   (8×84)
     1 8 5 0 8 2
```

※21×84…⑦
　8×9

⓴ (9134−7778)×1211=1642116

7778→8000…⑤（7778を
キリのよい8000にする）
8000−7778=222
9134−8000=1134
1134+222=1356

```
        1 3 5 6
     ×  1 2 1 1 …⑲
     1 5 6 0 6 1 6 ※
        1 4 3 (13×11) …⑦
          6 7 2 (56×12) …⑦
     1 6 4 2 1 1 6
```

※13×12…⑪
　56×11…⑦

㉑ 76×57+(4244−3955)=4621

```
     7 6
   × 5 7 …⑮
   3 5 4 2
     4 9
     3 0
   4 3 3 2
```

3955→4000…⑤（3955を
キリのよい4000にする）
4000−3955=45
4244−4000=244
244+45=289

```
   4 3 3 2
 +   2 8 9 …③
   4 6 2 1
```

[解答]

㉒ $19 \times 84 + 44 \times 47 = 3664$

19×84 …⑧
$19 = 20 - 1$
$84 \times 20 = 1680$
$1680 - 84 = 1596$

44×47 …⑪
$44 + 7 = 51$
$4 \times 7 = 28$
$51 \times 40 + 28 = 2068$

$1596 + 2068$ …①の応用（1596をキリのよい1600にする）
$1600 + 2068 - 4 = 3664$

㉓ $65 \times 25 + 73 \times 33 = 4034$

65×25 …⑩
$6 \times 2 = 12$
$(6+2) \div 2 = 4$
$(12+4) \times 100 + 25 = 1625$

73×33 …⑫
$7 \times 3 + 3 = 24$
$3 \times 3 = 9$
$24 \times 100 + 9 = 2409$

$1625 + 2409$ …③の応用
$1625 + 2409 = 4034$

㉔ $97 \times 86 - 68 \times 62 = 4126$

97×86 …⑭
$100 - 97 = 3$
$100 - 86 = 14$
$100 - (3+14) = 83$
$83 \times 100 + 3 \times 14 = 8342$

68×62 …⑬
$(6+1) \times 6 = 42$
$8 \times 2 = 16$
$42 \times 100 + 16 = 4216$

$8342 - 4216 = 4126$ …⑤（4216を5000にする）

[問題]

㉕ 147×112÷196＝？

㉖ 224239÷(19×21)＝？

[問題]

㉗ 112500÷25÷36＝？

㉘ 189000÷54÷98＝？

[解答]　☆①〜㉓はすごい計算の番号です

㉕ 147×112÷196＝84

```
       1 4 7
   ×   1 1 2  …⑰
   1 5 4 1 4   (14×11…⑦  7×2)
       2 8     (14×2)
       7 7     (7×11)
   1 6 4 6 4
```

```
              200-4          8 4
           1 9 6 ) 1 6 4 6 4   …㉒
                   4 6          …1646-1600
                   3 2          …8×4=32
                   7 8 4        …780+4
                   7 8 4        …4×196
                         0
```

㉖ 224239÷(19×21)＝562余り1

19×21…⑦   21→20+1   19×20=380
380+(19×1)=399

```
        400-1          5 6 2
      3 9 9 ) 2 2 4 2 3 9   …㉒
              2 4 2           …2242-2000
                  5           …5×1
              2 4 7           …24200+500
              2 4 0            24700を400で
                              割って商に6をたてる
                  7           …247-240
                    6         …6×1
                7 9 9         …760+39
                7 9 8         …2×399
                      1
```

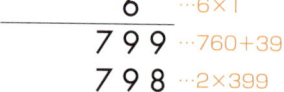

[解答]

㉗ $112500 \div 25 \div 36 = 125$

$112500 \div 25 \cdots$㉑
$25 \times 4 = 100$
$112500 \times 4 = 450000$
$450000 \div 100 = 4500$

```
40—4      1 2 5
   36 ) 4 5 0 0   …㉒
          5        …45−40
          4        …1×4
          9        …500+400
                    900を40で割って
                    商に2をたてる
          8
          1        …900−800
            8      …2×4
          1 8 0    …100+80
          1 8 0    …5×36
                0
```

㉘ $189000 \div 54 \div 98 = 35$ 余り 70

$189000 \div 54 \cdots$⑳　9で割りきれる
$189000 = 9 \times 21000$
$54 = 9 \times 6$
$21000 \div 6 = 3500$

```
100—2     3 5
   98 ) 3 5 0 0   …㉒
          5 0      …350−300
            6      …3×2
          5 6 0    …500+60
          4 9 0    …5×98
            7 0
```

5 総合練習問題

編者プロフィール

赤尾　芳男

1963年新潟県生まれ。新潟大学理学部数学科卒業。新潟県内の中学校数学教師を経て、現在大手進学塾の算数・数学講師。「問題を考える面白さ、解く楽しさ」をモットーに、中学高校受験指導のかたわらインド算数など外国の算数・数学を紹介するユニークな授業を行っている。著書に『大人の算数トレーニング』(経済界) などがある。

執筆協力

中村三郎

編集協力

友楽社

本文デザイン

ケイズプロダクション

校正

株式会社ぷれす

計算力が強くなる
インド式すごい算数ドリル

編　者	赤尾芳男
発行者	池田士文
印刷所	TOPPAN株式会社
製本所	TOPPAN株式会社
発行所	株式会社池田書店
	〒162-0851　東京都新宿区弁天町43番地
	電話03-3267-6821(代)／振替00120-9-60072
	落丁・乱丁はおとりかえいたします。

© Akao Yoshio 2007, Printed in Japan
ISBN978-4-262-14735-2

本書のコピー、スキャン、デジタル化等の無断複製は著作権法上での例外を除き禁じられています。本書を代行業者等の第三者に依頼してスキャンやデジタル化することは、たとえ個人や家庭内での利用でも著作権法違反です。

23070511